INSTRUCTIONS PRATIQUES

SUR LE PROCÉDE

DE LA SUBMERSION

MONTPELLIER

Imprimerie centrale du Midi

Ancienne maison Gras. — RICATEAU, HAMELIN ET Ce

GUÉRISON
DES VIGNES PHYLLOXÉRÉES

INSTRUCTIONS PRATIQUES

SUR LE PROCÉDÉ

DE LA

SUBMERSION

PAR

LOUIS FAUCON

Propriétaire-viticulteur

PRIX : **2** Fr. **50**

MONTPELLIER	PARIS
C. COULET, LIBRAIRE-ÉDITEUR	ADRIEN DELAHAYE, ÉDITEUR
Grand'Rue, 5.	Place de l'École-de-Médecine

ET CHEZ L'AUTEUR

A GRAVÉSON (BOUCHES-DU-RHÔNE)

1874

1874

Cette notice est écrite par un propriétaire de vignes, un simple praticien. Il ne faut pas s'attendre à trouver ici des notions scientifiques sur la nouvelle maladie des vignes, des études purement entomologiques sur le *Phylloxera vastatrix,* ni la description technique et l'histoire de cet insecte, ni des recherches sur son origine et sur l'époque exacte de son apparition en France. Ces points de la question, très-intéressants pour la science, mais secondaires au point de vue pratique de la guérison des vignes, ont été traités par des savants, aux ouvrages desquels nous renvoyons le lecteur. Notre but consiste : 1° à mettre les propriétaires de vignobles en garde contre des théories hasardées, qui n'ont souvent pour résultat que d'apporter le trouble dans leur esprit, leur fermer les yeux sur le danger qui les menace, les décourager ou les entraîner dans des opérations irrationnelles et dans des dépenses ruineuses ; 2° à indiquer à ceux qui sont atteints par le terrible mal un moyen *efficace, pratique et économique, de guérir leurs vignes.*

Quelques pages de ce travail seront consacrées à l'étude du *Phylloxera;* mais nos observations porteront toujours sur le côté pratique de la question, en éclairciront des points utiles et conduiront peut-être à des données susceptibles de faire trouver de nouveaux moyens de préservation et de guérison.

INSTRUCTIONS PRATIQUES

SUR LE PROCÉDÉ

DE LA SUBMERSION

CHAPITRE PREMIER

CAUSE DE LA MALADIE

Diverses opinions ont été émises sur la cause de la nouvelle maladie de la vigne. Elle a été attribuée *à la sécheresse, au froid, à l'appauvrissement du sol, à la nature et à la composition chimique du terrain, à la dégénérescence de la plante, au Phylloxera.*

Pour toutes les personnes qui ont suivi avec attention et observé sur place, avec soin et sans parti pris, la marche de la maladie, le doute n'est plus possible aujourd'hui. L'examen auquel nous allons nous livrer prouvera que le Phylloxera est incontestablement la seule cause du fléau qui sévit si cruellement dans plusieurs de nos provinces méridionales et menace d'une ruine complète tous les vignobles de France.

Sécheresse

Dans des notes que j'écrivais le 25 juin 1869, je disais, au sujet de l'hypothèse de la sécheresse-cause :

« Lorsque l'invasion du fléau se manifesta d'une
» manière inquiétante, au printemps de 1868, après
» dix-huit mois d'une sécheresse excessive et con-
» tinue, même pendant tout l'hiver, il était naturel
» de croire que cette sécheresse était la cause de la
» maladie ; mais l'erreur ne fut plus permise :
» 1° Dès qu'on put constater d'une manière certaine
» que des arrosages copieux et répétés ne modifiaient
» en rien l'état maladif des souches ; puis la vigne,
» qui, grâce à sa constitution robuste et des moins
» exigeantes, naît, vit et prospère dans les terrains
» les plus arides, ne passe pas brusquement de l'état
» le plus florissant à l'étisie, de vie à trépas, par le
» seul fait que l'eau lui aura manqué pendant un

» temps plus ou moins long. Combien de fois ne
» l'avons-nous pas vue, dans ce pays si souvent
» déshérité des arrosages célestes, souffrir de la sé-
» cheresse, surtout sur les coteaux de nos montagnes,
» où elle n'a quelquefois pour se nourrir que de très-
» minces couches d'une terre sans substance, reposant
» sur la roche vive ! Comment se manifeste alors sa
» souffrance? Par une végétation plus lente, par une
» diminution dans la longueur ordinaire de ses sar-
» ments, par la dimension exiguë de ses fruits ; mais
» elle ne meurt pas pour cela. Personne ne peut dire
» l'avoir vu.

» Il est toujours possible, du reste, au moyen de
» labours et de binages fréquents, de conserver à la
» terre une certaine fraîcheur relative, dans laquelle
» la vigne prospérera plutôt qu'elle ne dépérira,
» même dans les années des plus grandes sécheres-
» ses. Dans le cours de l'année 1868, mon vignoble,
» ayant reçu six façons d'araire ou de houe, s'est con-
» stamment trouvé dans les meilleures conditions pour
» opérer ses évolutions annuelles : ses racines ont
» toujours eu à leur disposition une terre bien ameu-
» blie et non sèche, et cependant, au lieu de végéter
» avec la vigueur que j'étais habitué à lui voir, il est
» brusquement tombé dans un état de faiblesse déses-
» pérée.

» L'erreur ne fut plus permise :
» 2° Lorsqu'on vit que des souches, des vignes en-
» tières, qui avaient poussé comme d'habitude au

» printemps de 1868 et s'étaient développées d'une,
» manière normale pendant tout le temps qu'avait
» duré la sécheresse, ne furent atteintes de la maladie
» qu'après avoir reçu les pluies des mois d'août et
» septembre ; car tout le monde sait qu'au moment
» où le premier cri d'alarme fut jeté par les proprié-
» taires viticulteurs, en mai 1868, le nombre des
» vignes atteintes était encore relativement restreint,
» et que la maladie, après avoir progressé d'une
» manière lente pendant les mois de juin et juillet,
» prit un essor plus considérable en août et sep-
» tembre, époque à laquelle des pluies copieuses vin-
» rent rafraîchir le sol jusqu'à de très-grandes pro-
» fondeurs ; que des vignes ne purent amener à com-
» plète maturité de riches vendanges, et que même
» quelques-unes, n'ayant donné les signes des pre-
» mières atteintes du mal qu'après avoir fourni une
» récolte satisfaisante de raisins parfaitement mûrs,
» moururent peu de temps après. Plusieurs proprié-
» taires sont malheureusement à même d'attester
» l'exactitude de ce dernier fait.

» Enfin, comment pourrait-on croire que la séche-
» resse est la cause de la maladie, en présence :

» 3° De la manière plus que précaire, effrayante,
» dont s'est manifestée la végétation de la vigne au
» printemps de l'année présente (1869), après une
» automne et un hiver des plus pluvieux ? Près de
» 50 centimètres d'eau (somme moyenne de l'eau qui
» tombe ordinairement en Provence dans le cours

» de toute une année), tombés dans l'espace de quel-
» ques mois (5,000 mètres cubes par hectare de
» terrain), qui ont suffi pour raviver complétement
» les sources taries depuis longtemps, n'auraient pu
» non-seulement améliorer la position des vignes, qui
» ne souffraient que d'un manque d'humidité, mais
» encore préserver de la même souffrance des vi-
» gnobles entiers, qui, après avoir traversé triom-
» phalement la période de sécheresse, sont tombés
» lorsqu'une humidité bienfaisante a été rendue au
» sol ! Que ceux qui pourraient douter encore vien-
» nent voir nos vignes, qu'ils mesurent l'étendue du
» mal, qui a plus que doublé depuis l'an passé, et ils
» seront bien vite convaincus, après cet examen, que
» la sécheresse n'était pas la cause qui les a amenées
» dans l'état désespéré où elles sont aujourd'hui. »

Depuis l'époque où furent écrites les lignes que
je viens de reproduire, trois hivers d'une humidité
excessive se sont succédé : 1870, 1871, 1872; humidité tellement grande et prolongée, que les premiers
travaux de nos vignes, qui ordinairement sont terminés en décembre ou janvier, ne purent, dans ce
trois années, être exécutés qu'en mars et avril; et
que, en 1871, les pluies, qui commencèrent à tomber avec une abondance extraordinaire dès les premiers jours du mois de septembre, compromirent
gravement la récolte, firent pourrir une grande quantité de raisins et ne permirent de faire qu'un vin de
qualité très-inférieure.

Si la maladie des vignes avait été causée par la sécheresse, il est rationnel de penser que trois années consécutives d'humidité en auraient eu raison. Au lieu de cela, le mal a continué à s'étendre, et des régions qui avaient conservé leurs vignes dans l'état le plus florissant, *pendant tout le temps qu'a régné la sécheresse,* ont été atteintes *un an, deux ans, trois ans après que cette sécheresse a eu cessé.* Les splendides vignobles du Gard et de l'Hérault sont là pour attester l'exactitude de ce fait. A peine atteint dans l'été de 1870, le Gard est en ce moment mortellement frappé. L'Hérault, envahi plus tard, est aujourd'hui attaqué sur un si grand nombre de points, que tous les propriétaires de ce riche pays s'attendent à la destruction prochaine et complète de leurs magnifiques vignes.

Froid

Lorsqu'on commença à se préoccuper de la nouvelle maladie des vignes, en juin et juillet 1868, quelques personnes prétendirent que cette maladie avait pour cause le froid, qui avait été assez intense dans le courant du dernier hiver.

Les froids, qui, dans cet hiver de 1867-1868, commencèrent le 31 décembre par un vent du nord

très-violent et un abaissement de la température
à — 5 degrés, se continuèrent les jours suivants à
— 6 et jusqu'à — 7 degrés centigrades, avec alternatives de neige et de vent, et finirent le 11 janvier à — 4 degrés, par un très-beau temps d'hiver,
peuvent avoir certainement endommagé quelques
souches; mais en conclure qu'ils ont été la cause
première de la nouvelle maladie, c'est une grosse
erreur.

En effet, comment procède le froid lorsqu'il arrive
à une intensité assez grande pour porter atteinte à
la constitution de la vigne? Il attaque de préférence
les vieilles souches, sans doute à cause des grandes
surfaces qu'elles présentent à son action, surfaces
presque toujours dans un état de détérioration plus
ou moins avancée, couvertes de plaies nombreuses
provenant de la taille de tous les ans, et souvent
mortes aux trois quarts.

Il désorganise le bois extérieur, les parties aériennes de la souche, en commençant par les extrémités
les plus élevées. Jamais, ou presque jamais, il ne tue
les racines; de manière que souvent une souche, que
le froid a désorganisée dans ses parties aériennes,
pousse du pied des bourgeons qui, quelquefois, la
remplacent avantageusement, et pour ainsi dire la
rajeunissent. J'ai vu souvent, dans de vieilles vignes,
des exemples de ce rajeunissement causé par le froid;
et je possède, dans ma propriété du Mas de Fabre,
une clairetière qui, déjà vieille en 1829, ayant été

détruite cette année-là par l'effet du froid, fut coupée entre deux terres par le père de mon bayle actuel, et émit de nombreux bourgeons qui l'ont fait vivre jusqu'à ce jour, où elle produit encore des raisins en assez grand nombre et surtout de qualité délicieuse.

La maladie nouvelle procède d'une manière toute différente. Elle s'attaque de préférence aux vignes jeunes ; elle désorganise d'abord et à tel point leurs racines, sans toucher au bois extérieur, que souvent une souche présentant toutes les apparences de la santé se trouve ruinée dans ses parties souterraines : ses racines sont à moitié mortes.

A l'appui de ces considérations générales, si l'on ajoute l'examen des faits qui se sont produits depuis l'apparition de la maladie nouvelle, au point de vue de l'influence que le froid peut avoir exercée sur eux, on est fatalement amené à conclure que cette influence a été de nulle valeur.

A l'hiver assez froid de 1867-1868 succéda celui de 1868-1869, qui fut très-doux. Or nous avons vu des vignes, en nombre considérable, qui, épargnées par le fléau ; ayant, dans le courant de l'année 1868, végété avec vigueur, produit et bien mûri d'abondantes vendanges; n'ayant par conséquent nullement souffert du froid, n'ont cependant poussé en 1869 que de grêles bourgeons de 10 à 20 centimètres de longueur et sont mortes peu de temps après.

Les hivers de 1870-1871 et de 1871-1872 ont été des plus rigoureux. Par contre, celui de 1872-1873 a été excessivement doux. Les froids des deux premiers n'ont pas causé dans notre région du Midi un mal bien appréciable. Est-il possible d'admettre que les vignes, qui ont résisté à deux hivers très-rigoureux, succombent aujourd'hui aux effets du froid après un hiver très-doux? Non, parce que l'effet du froid est immédiat et n'attend pas dix-huit mois pour se manifester.

Appauvrissement du sol

Anciennement, on ne plantait en vignes que les plus mauvais terrains, et cependant, dans ces maigres sols, sans jamais être aidée par la moindre fumure, la vigne vivait de longues années. Le cours de son existence était marqué par les phases ordinaires de la vie : jeunesse, âge mûr, vieillesse, décrépitude. Sa production, abondante dans ses jeunes ans, normale et pour ainsi dire réglée pendant tout le temps de son âge mûr, qui était la période la plus longue, donnait encore, quoique notablement diminuées, des récoltes rémunératrices dans sa vieillesse, et ne devenait onéreuse pour le propriétaire que dans sa décrépitude. On ne l'arrachait pas toujours alors, parce que les produits qu'elle donnait en quantités insignifiantes étaient d'une qualité tellement supérieure, que le propriétaire, qui ne récoltait en général du vin que pour son usage, n'était pas fâché d'avoir dans sa cave quelques bouteilles d'excellent vin, afin de pouvoir les exhiber avec satisfaction et orgueil dans les grandes occasions. Je ne crains pas d'avancer que la vigne, dans de telles conditions, sans jamais avoir reçu le moindre engrais, sans autres cultures que deux façons à bras, un houage en hiver, un binage au mois de mai, avait une durée moyenne de cinquante ans.

Depuis déjà bon nombre d'années, les plantations de vignes ont augmenté en nombre dans une grande proportion. Des terrains de toute nature, de toute qualité, depuis le défrichement des coteaux arides jusqu'aux sols les plus fertiles de la plaine, ont été transformés en vignobles. Si, dans des pays plus éclairés, le mode de culture de la vigne a subi des modifications avantageuses et intelligentes, ici, à Gravéson, *il n'a éprouvé aucune variation importante :* on a continué à charpenter la souche sur trois coursons, exceptionnellement sur quatre. Toujours point d'engrais, toujours les deux uniques façons traditionnelles. Un seul changement a été opéré, dans le mode de plantation. A l'espacement de 1^m,25 en carré, ce qui donnait 6,400 souches à l'hectare, a été généralement substitué celui de 2 mètres d'un côté et 1 mètre de l'autre, qui ne donne plus que 5,000 souches à l'hectare. Cette modification a été faite dans le but de pouvoir labourer les vignes. Ses conséquences doivent naturellement avoir pour effet plutôt d'augmenter que de diminuer la durée des vignobles. On n'a jamais cherché, comme on l'a fait dans d'autres pays, *à accroître l'importance des récoltes* par l'introduction de cépages nouveaux, plus productifs que les anciens, ni par des cultures intensives qui, en faisant produire vite et beaucoup, peuvent abréger l'existence de la souche. La production moyenne des vignes de la plaine du territoire de Gravéson, en bons terrains, ne pouvait pas être estimée à plus de 50 hectolitres à l'hectare, avant l'invasion de la nouvelle maladie.

Dans les terrains substantiels et fertiles de la plaine de Gravéson, il y a des vignobles de tous les âges, depuis de jeunes plantiers jusqu'à des vignes qui ont trente, quarante, soixante et même quatre-vingts ans. Examinons de quelle manière se sont comportées ces dernières, pendant le cours de leur existence.

Comme les vignes dont j'ai parlé plus haut, qui anciennement avaient été plantées dans les sols les plus mauvais du territoire, celles-ci ont eu leurs phases de jeunesse, d'âge mûr, de vieillesse et de décrépitude, avec la seule différence que, dans les vignes plantées dans des terrains riches, chaque étape de la vie a été marquée par une durée plus longue et une production plus abondante. Mais, comme chez leurs devancières, il n'y a jamais eu dans celles-ci des exemples de vignes brusquement arrêtées dans leur existence. Elles sont nées, elles ont vécu, elles ont vieilli d'une manière normale.

Pourquoi les choses se produiraient-elles aujourd'hui d'une manière différente ? Pourquoi les vignes passent-elles subitement de la vigueur de la jeunesse à la mort ou à un état voisin de la mort ? Il est vraiment douloureux de voir des esprits éminents, des hommes élevés dans la science, dire que ce phénomène a eu pour principale cause l'appauvrissement du sol.

Remarquons bien qu'il n'est pas question ici de nouvelles plantations qui ne pourraient plus réussir dans tels ou tels terrains, mais de plantations faites, depuis un certain nombre d'années, dans un pays où la vigne prospère depuis des siècles, plantations qui ont parfaitement réussi, ont pris un développement très-satisfaisant, et qui sont foudroyées au moment de leur plus grande vigueur.

Inutile de dire que le marasme dans lequel se trouvent nos vignes, s'il avait pour cause l'appauvrissement du sol, aurait été annoncé de longue date par des signes progressifs de faiblesse, mais ne se serait pas produit comme un coup de foudre.

Dans Vaucluse et les Bouches-du-Rhône, plus que dans les autres départements envahis, les vignes ont succombé brusquement aux atteintes du fléau : quelques-unes, qui avaient végété d'une manière normale et mûri d'abondantes récoltes, ont été trouvées mortes au printemps ; d'autres ont été foudroyées au moment d'une exubérante végétation. Voir dans ces cas de mort subite, qui se sont produits surtout dans de jeunes plantations, dans des terrains fertiles et neufs, le moindre symptôme d'appauvrissement du sol, n'est-ce pas fermer volontairement les **yeux à l'évidence ?**

Nature et composition chimique du terrain

Les thèses basées sur la nature du terrain ne sont pas plus soutenables que les précédentes. Une seule observation suffirait pour les renverser.

Je prends toujours pour champ d'études le territoire de la commune de Gravéson, que j'ai sous les yeux et qui en vaut bien un autre au point de vue des enseignements à y puiser, puisqu'il est composé de terrains de natures les plus variées ; car si, le plus généralement, le sol y est calco-argilo-sableux, de très-bonne nature, il est des quartiers où il est argileux, d'autres où il est sableux, caillouteux, mouilleux ; il y a des situations élevées, des bas-fonds, presque partout un sous-sol profond et perméable ; le manque de profondeur et de perméabilité fait la rare exception.

Eh bien! dans ce terrain de natures si variées, on peut affirmer qu'il n'existe pas une parcelle de vigne qui n'ait été atteinte par la maladie. Les terrains bas et argileux ont été, c'est incontestable, les premiers envahis; mais le mal n'a pas tardé à s'étendre et à frapper indistinctement et capricieusement sur tous les sols. De manière que si, dans les premiers temps de l'invasion, on a pu croire que la maladie n'attaquait et n'attaquerait que des terrains prédisposés, par leur essence, à souffrir des intempéries, cette opinion n'a plus été admissible après que les terrains de toute nature ont été indistinctement atteints.

Les terres blanchâtres, à base de chaux et d'argile, pauvres en éléments potassiques et ferrugineux, de notre région, ont semblé être plus prédisposées que les autres à être envahies par la nouvelle maladie. On a espéré pendant quelque temps que les terres rougeâtres du Languedoc, plus riches que les nôtres en éléments constitutifs de la vigne, seraient préservées. Les faits ont malheureusement renversé cette espérance, et, persister encore aujourd'hui à croire que la nature du sol est pour quelque chose dans la maladie des vignes, ce serait admettre que des terrains qui, pendant des siècles, ont été bons pour la vigne, n'ont plus voulu la nourrir du jour au lendemain.

Dégénérescence de la plante

Je ne crois pas qu'il existe au monde des vignes plus belles et plus vigoureuses que celles des plaines de l'Hérault, où sont très-communes des productions de 200 hectolitres de vin à l'hectare. En voyant ces magnifiques vignobles, au lieu de soupçonner en eux la moindre dégénérescence, on se prend à douter de la possibilité de les voir un jour succomber aux attaques du terrible fléau. Cependant ces splendides champs à vin sont fatalement destinés à mourir. Déjà quelques légères taches commencent à déparer ces riantes plaines, taches encore mal délimitées, peu apparentes, et que, seul, un œil exercé découvre ; mais qui ne tarderont pas à augmenter en nombre, à s'étendre, à se joindre et finiront par tout détruire. C'est l'affaire de quelques années, au bout desquelles le plus beau vignoble de France, le plus productif, n'existera plus.

Si l'on pouvait encore douter que la prétendue dégénérescence de la plante n'est pour rien dans un tel désastre, voici un fait qui convaincra les plus incrédules. Depuis que les vignes ont commencé à mourir dans Vaucluse et les Bouches-du-Rhône, des propriétaires de ces départements, dans le but de créer de nouvelles plantations, ont fait venir des sarments de l'arrondissement de Béziers, où la maladie n'a pas encore pénétré. Plantés dans nos régions infestées, ces sarments, après avoir pris racine et végété d'une manière très-satisfaisante pendant un, deux ou trois ans, ont tous fini par être atteints et sont morts. Or, pendant que nos propriétaires d'ici voyaient leurs tentatives échouer, leurs plantiers emportés par le fléau, les propriétaires de Béziers, auxquels ils s'étaient adressés pour avoir des sarments sains et qui en avaient planté eux-mêmes de pareils, pris sur les mêmes souches, obtenaient une réussite complète, et récoltent aujourd'hui des raisins dans leurs jeunes plantations, qui en vigueur ne laissent rien à désirer.

Le Phylloxera

Les cinq précédentes considérations étant écartées, et toutes les autres prétendues causes qui ont été mises en avant étant trop futiles pour nécessiter une réfutation, il ne reste plus, pour expliquer la maladie, qu'une seule chose : le Phylloxera. L'opinion du Phylloxera-cause, après avoir été longtemps et vivement controversée, est admise aujourd'hui par la presque généralité des observateurs. Il ne pouvait en être autrement, après qu'il a été constaté et établi, comme une règle constante et invariable : — 1° que l'insecte se trouve partout où la maladie existe ; — 2° qu'il est impossible de trouver des Phylloxeras dans les contrées où la maladie n'a pas pénétré.

On a cité des cas de vignes malades sans pucerons. — Ces vignes ayant été observées avec soin, il a été reconnu qu'elles souffraient d'une maladie autre que celle que cause le Phylloxera. Les symptômes étaient différents, le facies bien distinct : les racines étaient souvent saines lorsque les parties extérieures des souches se trouvaient dans un état de dépérissement très-avancé ; lorsque les organes souterrains étaient altérés, ils l'étaient d'une tout autre manière que dans les cas de Phylloxera.

On a prétendu, et quelques personnes prétendent encore, que le Phylloxera est l'*effet* de la maladie et non la *cause*. Je prouverai tout à l'heure que cette théorie n'est pas soutenable ; je le prouverai par le récit d'expériences concluantes et de faits irréfutables ; mais, avant de produire ces preuves, on me permettra de faire quelques observations générales.

Un pied de vigne se trouve en état parfait de santé et de vigueur ; son système radiculaire ne recèle aucun puceron : un jour l'insecte dévastateur l'envahit ; il résiste quelque temps ; le Phylloxera pond, augmente en nombre et multiplie ses attaques ;

la souche commence à souffrir ; si on met ses racines
à nu, on voit sur elles un commencement d'altération. La multiplication de l'insecte continue etprend
des proportions telles, qu'elle forme des taches jaunes
assez grandes, provenant de la réunion d'un nombre
considérable de sujets ; les piqûres sont tellement
nombreuses et incessantes que les racines ne peuvent
plus fonctionner : la plante tombe alors dans un état
de faiblesse très-marqué, languit quelque temps et
finit par mourir.

Le Phylloxera commence à prendre sa nourriture
là où il se la procure avec le plus de facilité. Lorsqu'il a épuisé les radicelles superficielles, tendres et
succulentes, il en attaque d'autres qui sont plus profondes ; puis il se porte sur les racines plus fortes et
plus dures ; enfin l'accroissement prodigieux de sa
famille l'oblige à envahir tout le système radiculaire
et même la partie souterraine du tronc de la vigne :
il peut encore introduire son suçoir à travers les
pores de ce bois dur et résistant. Et voyez avec
quelle persévérance il suce ; il suce jusqu'à ce qu'il
ait épuisé toute la provision de séve qu'avait la
malheureuse plante. Il abandonne alors un cadavre
qui ne lui est plus d'aucune utilité, et son instinct le
dirige vers une autre souche, où il trouvera une nouvelle pâture.

L'œuvre de destruction complète d'une souche,
surtout si elle est vigoureuse et située dans un terrain substantiel, ne s'opère pas en quelques jours :

attaquée aujourd'hui, elle pourra résister un an, sans même donner de très-grands signes de faiblesse ; sa force première et celle qu'elle puise encore dans le sol lui permettront, pendant une et même deux saisons, de se nourrir et d'alimenter son parasite.

Dès le 25 juin 1869, j'ai dit, et toutes les personnes qui ont fait des observations positives ont confirmé, que, dans un vignoble envahi depuis quelque temps :

1° Le nombre des pucerons est en rapport direct et constant avec l'état des racines ;

2° Que ce nombre est d'autant plus considérable que l'état des racines est plus sain ;

3° Que le nombre diminue à mesure que les racines sont épuisées de séve et meurent ;

4° Que, sur une souche tout à fait morte, il n'est plus possible de trouver un seul puceron.

Comment ne pas reconnaître aujourd'hui que le puceron est la cause unique de la maladie des vignes, après qu'il a été parfaitement constaté et admis que le Phylloxera, précédant toujours la pourriture des racines et ne la suivant jamais, est bien la cause réelle de cette pourriture ?

Pourquoi ne pas admettre qu'en supprimant le Phylloxera, ce destructeur qui attaque le végétal par les racines, on conserverait la vigne, comme on la soulage en supprimant les insectes (*pyrale, eumolpe, attelabe, altise, cochylis*) qui l'attaquent par ses parties aériennes ?

Si des doutes existent encore à ce sujet, voici deux faits qui, je l'espère, les dissiperont.

En 1868, dans mon vignoble infesté de Phylloxeras, j'avais fait deux pépinières de vigne. Attaquées par le terrible insecte peu de temps après leur établissement, les boutures de mes pépinières n'émirent que des bourgeons grêles et très-courts. En 1869, leur état était désespéré. A la fin de cette même année 1869 et en janvier 1870, je pus traiter par la submersion une de mes pépinières. Dans le courant de 1870, tous les sujets de cette pépinière submergée, qui n'étaient pas complétement morts, recouvrèrent une grande vigueur et poussèrent des sarments de 1^m,50 de long, sarments qu'ont vus les personnes qui visitèrent mon vignoble à cette époque, et qui me servirent à planter une vigne qui est aujourd'hui dans un état très-prospère.— La pépinière qui ne put pas être submergée succomba: je l'arrachai et brûlai sur place ses plants empestés.

Un viticulteur d'Arles, qui ne voulait pas admettre que le Phylloxera est la cause de la maladie des vignes, eut l'idée et le courage, l'année dernière, de faire une expérience du plus grand intérêt, et qui était susceptible d'élucider l'importante question du Phylloxera *cause* ou *effet*.

Il s'agissait d'inoculer la maladie à quelques souches très-vigoureuses, situées dans un jardin clos à Faramant, Camargue d'Arles, à une assez grande distance de toutes vignes.

Afin de donner à l'expérience toute la solennité désirable, plusieurs personnes furent invitées à assister à la mise en œuvre de l'opération et à en constater plus tard le résultat. L'épreuve fut faite avec intelligence et bonne foi, sous le contrôle de juges impartiaux et éclairés.

Dans le courant du mois de juin 1872, on se rendit sur les lieux. L'expérience devait être faite sur un groupe de vingt-cinq souches saines et vigoureuses. Cinq de ces souches furent déchaussées: les racines en furent trouvées très-saines et parfaitement en harmonie avec la force et la vigueur de la végétation extérieure. Sur ces racines, et en contact direct avec elles, il fut déposé des fragments de racines phylloxérées, qui avaient été apportées dans ce but. Le Phylloxera fut ainsi semé au pied des vignes. On recouvrit les excavations des souches traitées, on ne toucha pas aux vingt autres souches, et on se promit de venir dans un an voir l'effet produit par cette inoculation d'un nouveau genre.

Le 3 juillet 1873, un an après l'opération, quelques-unes des personnes qui avaient présidé à sa mise en œuvre sont venues en constater le résultat.

Ce résultat a été tel qu'il devait l'être. Les pauvres souches soumises à l'expérience ont été la proie du terrible insecte: leurs racines sont attaquées; un affaiblissement marqué se manifeste sur leurs organes extérieurs ; la maladie est à sa première période; elle suit sa marche ordinaire et ne tardera

pas à terminer son œuvre de destruction. Les vingt
souches qui n'ont pas été opérées ne sont pas encore
atteintes ; leur vigueur est aussi grande qu'il y a un
an : leur tour viendra. Dès que leurs voisines épuisées ne pourront plus nourrir l'insecte, dont la multiplication toujours croissante va bientôt en porter le
nombre à des proportions prodigieuses, ces vingt souches seront envahies et subiront le sort commun. Le
promoteur de l'expérience et les personnes qui en
ont suivi les phases n'ont aucun doute au sujet de la
fin plus ou moins prochaine, tant des cinq pieds de
vigne qui ont été inoculés que des vingt qui n'ont
pas subi l'opération.

CHAPITRE II

LE PHYLLOXERA VASTATRIX

Période de sa vie active ; sa transformation en insecte ailé ; ses
modes de propagation ; ce qu'il devient pendant l'hiver

Tout ce que je vais dire sur les habitudes de l'insecte, comme ce que j'ai dit sur la cause de la maladie, ainsi que ce que j'indiquerai sur les ravages
du fléau et sur le moyen d'en préserver et guérir les
vignes, est le résultat de mes recherches et études
personnelles, sans que le moindre emprunt ait été fait
aux travaux des nombreux observateurs qui se sont
occupés du même sujet.

Je crois aussi devoir déclarer que toutes mes observations ont été faites, non dans le cabinet et sur
des insectes élevés dans des bocaux, mais dans le

vignoble et sur des sujets en pleine liberté ; non par quelques rares sondages partiels et incomplets, mais à la suite de très-nombreux examens faits sur des souches arrachées en entier, examens renouvelés très-fréquemment, souvent tous les jours, pendant une période de plusieurs années.

Période de la vie active du Phylloxera

Après avoir passé l'hiver dans un état d'engourdissement complet, l'insecte s'éveille dès que la chaleur commence à pénétrer le sol, à peu près à la même époque où s'éveille la végétation des plantes.

Voici quelques extraits de mon journal d'observations, année 1873, qui feront connaître exactement le moment précis où le Phylloxera sort de son engourdissement hivernal, grossit et commence à pondre :

« 27 mars. — Tous les Phylloxeras sont encore plongés dans le sommeil. Ils sont tous jeunes, de même taille et de couleur jaune brun cuivré.

» 1er avril. — Quelques insectes commencent à s'éveiller ; il n'y en a aucun qui ait grossi.

» 3 avril. — Réveil plus manifeste et plus général, sans grossissement.

» 6 avril. — L'insecte commence à grossir. Je remarque qu'à mesure qu'ils sortent de leur sommeil, les Phylloxeras perdent la teinte cuivrée qu'ils avaient pendant l'hiver et reprennent leur nuance jaune clair. (M. Max. Cornu a constaté que ce changement de couleur est dû à une première mue que subit l'insecte.)

» 9, 11, 13 avril. — Pas d'autres changements dans l'état du puceron que la continuation progressive de son grossissement. Il y a encore quelques sujets en plein sommeil.

» 15 avril. — Je ne trouve plus aucun Phylloxera endormi. Tous ceux que je vois sont arrivés au terme de l'hibernation, évolution qui a duré quinze jours pour être générale. Je trouve des sujets très-gros, un grand nombre de grosseur moyenne et quelques-uns encore petits.

» 18 avril. — J'ai trouvé aujourd'hui des mères entourées d'œufs fraîchement pondus.

» 22 avril. — Je vois sur une racine quelques sujets très-petits, de forme allongée, à antennes et pattes longues, d'un jaune tendre et diaphane, à allures vives et cherchant l'endroit où ils doivent se fixer et enfoncer leur suçoir : ce sont des *nouveau-nés, les premiers de la saison*.

» 24, 27, 30 avril. — Les éclosions continuent : je vois des œufs, des nouveau-nés, des Phylloxeras de diverses grosseurs, quelques-uns très-gros en forme de tortue ; tous jaune-clair.

4, 8 mai. — Même état.

10 mai. — Quelques rares Phylloxeras commencent à prendre la couleur fauve. La multiplication est évidente, mais assez limitée encore. »

A dater de cette époque, mes recherches sont devenues plus fréquentes : je les ai multipliées dans le but de déterminer, avec une rigoureuse exactitude, l'époque où l'insecte commence à se montrer à la surface du sol.

Mes observations de toute l'année m'ont démontré : que l'accroissement en nombre des Phylloxeras n'est pas grand dans les mois d'avril et mai, qu'il commence à s'accentuer en juin, qu'il devient assez considérable en juillet, et qu'il prend des proportions prodigieuses en août et surtout en septembre. A la fin de ce dernier mois, j'ai vu des racines entières tellement couvertes de pucerons qu'elles en étaient complétement jaunes, comme si elles avaient reçu une couche de couleur. Des circonstances aussi graves ne se présentent pas toujours, mais elles sont assez fréquentes, et, lorsqu'elles se produisent, elles expliquent ces cas de vignes foudroyées après avoir mûri des vendanges presque normales.

La vie active du Phylloxera commence à se ralentir dans la deuxième quinzaine d'octobre ; complétement terminée vers le 15 novembre, elle est remplacée par la vie latente, véritable léthargie dans laquelle l'insecte reste pendant tout l'hiver.

Lorsque arrive cette phase de l'existence du Phylloxera, phase dont l'époque peut être devancée si les pluies d'automne ont été très-copieuses ou si les froids ont été précoces, les mères, épuisées par leur dernière ponte, sont mortes et ont complétement disparu, tous les œufs sont éclos; il ne reste plus que de jeunes sujets qui, fixés sur toutes les parties du système radiculaire des vignes, prennent une teinte brun cuivré et passent l'hiver dans une immobilité absolue.

Transformation du Phylloxera aptère en insecte ailé

Conséquent avec mon intention bien arrêtée de ne m'occuper de l'insecte destructeur des vignes qu'au point de vue des connaissances qui sont nécessaires pour le combattre efficacement, je n'entrerai dans aucun détail au sujet des transformations qu'il subit pendant tout le temps qu'il reste à l'état aptère; transformations se manifestant à la suite de diverses mues, apportant quelques modifications dans les formes de la petite bête, mais ne changeant rien à son mode de vivre sur les racines et, par suite, ne pouvant influer en rien sur les moyens à employer pour la combattre. Mais je dois consacrer quelques lignes à sa métamorphose en insecte ailé, non pour décrire celle-ci et en indiquer toutes les phases (*voir les délails si intéressants et si complets qui ont été donnés à ce sujet par MM. Planchon, Lichtenstein, Signoret, Balbiani et Cornu*), mais pour préciser l'époque où elle a lieu dans le vignoble. Tout porte à croire que cette métamorphose se fait à l'air libre, puisque le Phylloxera muni d'ailes n'a jamais été vu dans les profondeurs de la terre et qu'il a toujours été trouvé à la surface du sol. Indiquer le moment précis où, à l'état ailé, l'insecte commence à se montrer m'a paru avoir son importance, parce que c'est sous cette forme qu'il est supposé, avec raison, être le principal auteur de la propagation à distance.

Bien que l'apparition du Phylloxera ailé ait été indiquée comme ayant lieu dès le 15 juin par quelques observateurs, dès le 15 juillet par d'autres, mes recherches de tous les jours, faites avec la plus grande persévérance et l'attention la plus soutenue, n'ont pu me la faire constater que vers le 20 août. Je crois donc que ce n'est que depuis cette époque, ou, pour plus de précautions, à partir du 1er août, qu'on doit se mettre en garde contre les migrations du puceron pourvu d'ailes.

Le désaccord qui existe au sujet de l'époque à laquelle l'insecte change de forme, entre mon opinion et celle d'autres observateurs, est plutôt apparent que réel et s'explique facilement. Ceux-ci n'ont étudié le Phylloxera qu'en captivité, dans des bocaux

tenus dans des appartements où les variations de
température se font sentir d'une manière tardive et
irrégulière, tandis que je ne l'ai jamais observé qu'en
liberté et dans son habitat naturel. Une divergence
analogue se produit toutes les fois que nous parlons
des diverses phases de l'existence de l'insecte, tant
dans la période de sa vie active que et surtout pendant
le temps de son engourdissement hivernal. Ainsi,
pour ne citer qu'un fait, je n'ai jamais vu sur des
racines extraites de terre en hiver aucun puceron se
mouvoir ni grossir dans les mois de décembre, janvier, février et mars ; tandis que, dans des bocaux,
on en a vu quelques-uns changer de place et la généralité grossir aux mêmes époques.

Je m'abstiendrai de toute réflexion au sujet de ces
divergences d'observations. J'ai cru devoir en expliquer la cause, afin de pouvoir affirmer, d'une manière absolue, l'exactitude de mes assertions et faire
ressortir que, dans l'importante question de la maladie des vignes, les études de cabinet, très-intéres-
santes au point de vue de la science, peuvent n'avoir
qu'une valeur secondaire si l'on veut s'en servir pour
trouver un moyen susceptible de combattre en temps
utile et avec efficacité le Phylloxera.

Les modes de propagation du Phylloxera

Pendant quelque temps, la préoccupation des personnes qui étudient la nouvelle maladie a été de savoir de quelle manière le Phylloxera se propage d'un cep à un autre cep, d'une vigne à une autre vigne ; espérant, une fois ce point éclairci, pouvoir facilement trouver les moyens à employer pour arrêter le terrible aphidien dans sa marche envahissante.

Je n'oserais, *à priori*, admettre que dans cette idée nouvelle se trouvera le salut de nos pauvres vignes ; mais je vois en elle la possibilité d'arriver peut-être à un résultat, parce qu'elle écarte les difficultés insurmontables et la cherté inhérente aux traitements par les insecticides, lorsqu'il faut faire arriver ces agents à des profondeurs considérables et en saturer tout le terrain d'un vignoble, soit, en moyenne, 10,000 mètres cubes par hectare.

Si l'on savait d'une manière certaine comment le Phylloxera se propage d'un cep à un autre cep, d'une vigne à une autre vigne, on pourrait peut-être apporter quelques modifications utiles aux moyens de défense.

Si, par exemple, on avait la preuve matérielle que cette propagation se fait sur la terre ; que, pour abandonner une souche épuisée et ne lui fournissant plus une nourriture suffisante, le pou des vignes remonte le long des ceps ou par les fissures du terrain, pour arriver à la surface du sol et se diriger ensuite vers des souches en pleine végétation, le moyen le plus rationnel, pour l'empêcher de pénétrer dans une plantation non encore atteinte, serait de couvrir le sol de celle-ci d'une substance antipathique à l'insecte ; substance à base fixe, ou du moins à propriétés insecticides peu volatiles et d'un coût modique, comme par exemple la suie, la terre phéniquée, etc., etc. Répandue à la volée sur toute la surface du vignoble ou de la partie qu'on voudrait préserver, cette substance devrait être légèrement enfouie par une raie de herse ou de bineuse, afin que le vent ne l'emportât pas.

Il est possible, probable même, que cet agent, mis sur la terre un peu avant l'époque où le Phylloxera commence ses migrations, empêcherait celui-ci de pénétrer dans le vignoble qui en aurait été couvert. Je le répète, ce moyen me paraît rationnel et il serait éminemment pratique. Reste à éclaircir la question du mode de propagation de l'insecte.

Tout ce qui a été dit à ce sujet repose sur des théories plus ou moins ingénieuses ou hasardées.

Laissant de côté le champ incertain et trompeur des suppositions, je vais, comme je l'ai toujours fait, citer des faits positifs, qui, je l'espère, ne laisseront plus subsister aucun doute sur ce point, un des plus intéressants et des plus utiles dans l'étude du terrible Phylloxera, au point de vue du moyen à trouver pour mettre nos vignes à l'abri de ses atteintes.

Ce que je vais dire n'est pas nouveau; je l'ai déjà exposé dans mes notes du 25 juin 1869, notes publiées dans le *Messager agricole* du 5 août de la même année, et reproduites dans ma brochure sur la maladie des vignes, page 12. Voici comment je m'exprimais à cette époque :

« Dans le courant du mois d'août 1868, j'avais une pièce de vigne sur sol argileux, qui, très-endommagée d'un côté, avait encore du côté opposé une de ses parties en bon état. Les nombreux binages que je lui avais donnés avaient complétement nettoyé d'herbes le terrain, lequel, tassé par des pluies copieuses tombées les 28 juillet et 5 août, avait été séché brusquement par le soleil brûlant de cette époque et, par suite, s'était crevassé d'une manière extraordinaire. C'était une belle occasion pour vérifier un fait dont je me doutais depuis quelque temps, à savoir : que le puceron, pour arriver aux racines des vignes, pouvait très-bien passer par les crevasses de la terre comme par des portes ouvertes. Je postai mes neveux à l'endroit ou finissaient les souches épuisées et commençaient les souches saines. Après quelques minutes d'observation, ces jeunes gens virent très-distinctement des groupes de pucerons aptères marchant sur le sol et suivant la direction que j'avais prévue, c'est-à-dire allant des souches épuisées vers les souches saines. Ils les suivirent et les virent entrer, sans la moindre hésitation, et se perdre dans les profondeurs d'une crevasse qui se trouvait à une faible distance (25 à 30 centimètres) d'une souche saine. Ceci peut ne paraître, à première vue, qu'un détail insignifiant; mais, en méditant ce fait, on pourra peut-être trouver en lui l'explication d'un autre fait d'un grand intérêt et qui a été généralement observé : je veux parler de la prédilection marquée que, à chaque invasion d'une région nouvelle, le puceron a pour les vignes plantées dans les terrains les plus argileux. C'est que très-probablement ceux-ci, se fendant toujours dès que la fraîcheur leur manque, offrent à l'insecte un moyen facile pour arriver aux racines des souches. »

Il est bien extraordinaire que, avec une pareille donnée, les savants qui se sont si activement occupés de la question n'aient rien trouvé encore au sujet du point le plus important dans les mœurs et les habitudes du Phylloxera; beaucoup plus important que de savoir si l'insecte mâle est aptère ou ailé, si celui qu'on trouve sur les feuilles des cépages américains est le même que celui qui n'existe ici que sur les racines de nos souches, si l'un a des tubercules sur le dos et si l'autre n'en a pas, etc., etc. Qu'on me pardonne cette critique, j'ai le droit de la faire; car, si l'on avait accordé un peu plus d'attention à mes modestes observations, les choses seraient peut-être aujourd'hui plus avancées qu'elles ne le sont. On accueille avec empressement et sans contrôle toutes les théories des savants, on accorde une valeur souvent exagérée à leurs assertions les plus insignifiantes, et on ne fait pas le moindre cas du dire d'un pauvre profane comme moi, qui n'a d'autre mérite que celui de savoir se servir de ses yeux.

Or, pendant que les savants réclamaient des appareils compliqués pour instituer des expériences coûteuses, voici ce que je fis l'année dernière :

Je me transportai tout simplement dans la vigne d'un de mes voisins, vigne très-maltraitée par la maladie nouvelle. Je me couchai à plat ventre sur le sol et, ma loupe à la main, j'observai. Je ne tardai pas à voir ce que j'avais déjà vu il y a cinq ans, ce que (chose vraiment surprenante et incompréhensible) personne n'a su encore trouver, malgré les indications précises que j'avais fournies à ce sujet. Je vis des Phylloxeras aptères, en nombre considérable, marcher sur le sol, venant des parties les plus épuisées de la vigne, s'avancer jusque près des souches moins malades et gagner les racines de celles-ci par les fissures les plus voisines du tronc ; je vis un va-et-vient de ce terrible insecte tellement général, qu'il me fut démontré, jusqu'à l'évidence palpable, que, pour se propager d'un cep à un autre cep, le Phylloxera chemine sur la terre. Il est indubitable qu'il doit se propager aussi par les racines, en sui-

vant les rugosités de leur écorce et les gaînes que la
terre, en se desséchant, forme autour des radicelles,
car c'est ainsi qu'il parvient jusqu'aux extrémités
des racines les plus profondes. Mais, sa faiblesse et sa
fragilité ne lui permettant pas de passer au travers
de la moindre parcelle de terre agglomérée, lorsqu'un
obstacle s'oppose à sa pérégrination souterraine, il
monte à la surface, soit par les rugosités des racines
et du tronc, soit par les fissures du terrain, et il
tourne sur le sol la difficulté qu'il a rencontrée au-
dessous.

Avec l'insecte aptère, et faisant les mêmes évolutions que lui, je trouvai l'insecte ailé en nombre
assez grand : j'en vis un jour une cinquantaine
autour d'une seule souche, et en moins de cinq minutes j'en pris douze, que j'adressai à M. le Président de la Société d'agriculture de l'Hérault.

En observant le Phylloxera pendant son cheminement sur la terre, je constatai que l'insecte ailé,
quoique muni d'ailes très-grandes, ne vole que diffi-
cilement, et que son vol très-faible ne le porte qu'à
de courtes distances. Il me fut très-rarement possible de le faire voler, bien qu'à plusieurs reprises je
l'aie excité pour l'y décider : le renversant sur le dos,
le mettant sur le côté ou sur ses pattes, lui faisant saisir l'extrémité d'un brin d'herbe, puis le soulevant
et le faisant retomber d'assez haut sur une feuille de
papier blanc. Je le vis assez souvent imprimer à ses
ailes un battement très-vif, mais très-rarement s'en-

voler. Je crois que ses ailes, qu'il relève volontiers, lui servent plutôt à se faire emporter par le vent qu'à franchir par lui-même de grands espaces.

Je constatai aussi que l'insecte, tant à l'état ailé qu'à l'état aptère, est entraîné par le moindre souffle et déplacé par la respiration seule de l'observateur. Les jours où le vent régnait, il ne me fut pas possible d'en trouver un seul. Le vent qui soulève ces masses de poussière que nous connaissons, hélas! si bien dans notre pays, doit certainement soulever aussi des quantités de Phylloxeras et les porter au loin. La propagation à distance est ainsi expliquée et ne peut l'être, je crois, autrement.

Contrairement à la croyance admise jusqu'à présent, croyance basée sur ce que l'insecte aptère, n'ayant pas d'yeux, évite la lumière et ne peut vivre que dans l'obscurité, c'est non-seulement dans le jour que l'insecte quitte sa retraite souterraine, mais c'est *en plein soleil* qu'il exécute son ascension, et le moment où l'on en voit le plus est de deux à trois heures après midi.

La vigne dans laquelle je fis mes observations est mortellement atteinte depuis longtemps; elle n'avait été ni taillée, ni cultivée depuis deux ans. Une de ses parties, située dans un bas-fond, ayant été inondée plusieurs fois par les pluies de l'hiver, avait résisté plus que le reste aux étreintes du mal. Il y avait là quelques souches qui présentaient encore une certaine vigueur relative. C'est dans ce faible espace que les insectes semblaient se donner rendez-vous. Il ne me fut pas possible d'en trouver un seul dans les endroits les plus épuisés. Cette vigne n'est séparée des miennes que par un mince cours d'eau de la largeur d'un fossé. Lorsque le vent souffle de son côté, il m'apporte des myriades d'insectes. Cette circonstance m'obligera à pratiquer tous les ans mes submersions hivernales, tant que les foyers d'infection qui m'environnent n'auront pas été détruits par l'arrachage ou par la mort complète des vignes de ma région.

La série de mes observations, au sujet du Phylloxera marchant sur le sol, commença le 24 août 1872, et je la continuai jusqu'au 30 septembre suivant. Les jours où je vis le plus d'insectes sont du 24 au 31 août. Le 4 septembre, l'actif président de la Société d'agriculture de l'Hérault abandonnait ses vendanges pour venir constater la trouvaille que j'avais faite. Le nombre des pucerons commençait déjà à diminuer ; il put cependant en voir encore une trentaine d'ailés et autant d'aptères. Quelques jours après, la température s'étant abaissée, la diminution se fit d'une manière très-marquée. Le 20 septembre, ayant reçu la visite de MM. Duclaux et Planchon, je pus à peine faire voir à ces intrépides chercheurs quelques rares pucerons aptères et point d'ailés. Le lendemain, j'observai encore deux aptères ; le 23, deux ailés seulement se présentèrent sous ma loupe : ce furent les derniers que je vis en 1872.

Ces observations n'étaient pas complètes et laissaient une lacune qu'il était très-important de combler : elles nous ont appris à quelle époque de l'année cesse la pérégrination sur le sol du Phylloxera; mais elles nous laissaient ignorer complétement à quel moment elle commence, et c'était là le point capital à connaître pour pouvoir mettre, en temps utile, nos vignes à l'abri de l'invasion de l'insecte dévastateur.

Dans le but de faire sortir ce point de l'obscurité dans lequel je l'avais laissé en 1872, j'ai continué mes recherches cette année-ci, et mes travaux ont été heureusement couronnés d'un plein succès.

Le 14 juin 1873, à une heure après midi, par un beau soleil et un temps calme, j'ai vu les premiers Phylloxeras aptères qui se soient montrés à la surface du sol. Tous jeunes, très-petits et d'une grande agilité, ils étaient dans les mêmes conditions où je les avais trouvés un peu plus tard, en 1872. C'est encore dans une vigne aux neuf dixièmes mourante, séparée des miennes seulement par un chemin, que j'en ai fait la découverte. Des observations de tous les jours m'ont parfaitement et de nouveau démontré que l'insecte abandonne les souches complétement épuisées, sur lesquelles il ne trouve plus aucun suc nourricier, pour aller, à ciel ouvert, en plein air et en plein soleil, palpant le terrain avec ses antennes et se dirigeant avec une grande sûreté d'allures, pour aller, dis-je, à la recherche de vignes saines, où il trouvera de quoi se nourrir. Encore assez rares à cette

date du 14 juin, ils ont augmenté en nombre à mesure
que la température s'est élevée : c'était toujours aux
heures les plus chaudes de la journée que j'en voyais
le plus. Il y a eu des époques, fin juillet et commencement d'août, par une température au-dessus de
30°, où ils étaient en si grandes quantités, qu'à plusieurs reprises j'en ai vu quatre, cinq et jusqu'à sept
réunis dans le champ de ma loupe. Chaque fois que
le vent s'est levé, ils ont brusquement et complétement disparu, et de nouveaux émigrants n'ont été
aperçus qu'après que le calme était rétabli. Il est hors
de doute que les individus surpris par le vent étaient
emportés au loin comme de la poussière. Ce fait, que
j'ai vu se produire à plusieurs reprises, explique, ainsi
que déjà je l'ai dit, la propagation à distance, tant
de l'insecte ailé que de l'insecte aptère ; il met aussi
en évidence le danger d'invasions nouvelles et successives que court une vigne exempte de Phylloxeras
ou qui en a été purgée complétement par un procédé
efficace, comme l'est celui de la submersion, danger
qui oblige le propriétaire de cette vigne à continuer
tous les ans le traitement curatif ou préventif auquel
il l'a soumise, tant que la cause de la maladie existera dans sa région.

Une pluie torrentielle, qui tomba le 18 août, oc-
casionna un temps d'arrêt dans la migration des
Phylloxeras, migration qui ne recommença que le
22 du même mois, faible d'abord et reprenant toute
son extension dès les premiers jours de septembre.

Le 6 de ce mois, nouvelle pluie et nouvelle interruption dans la sortie de l'insecte; quelques appa-
ritions du 9 au 13. Pluies le 14 et le 15, qui dé-
trempèrent la terre de manière à rendre impossibles
les observations. Depuis ces dernières dates, je n'ai
plus vu aucun Phylloxera à la surface du sol.

A partir du 6 août, j'ai trouvé quelques rares
nymphes au milieu des quantités considérables de
jeunes Phylloxeras aptères qui marchaient à la surface du terrain. Ce n'est que le 31 août que, cette
année, j'ai aperçu les premiers insectes ailés. Les
vents fréquents, la pluie du 18 août et celles des
6, 14 et 15 septembre, ont probablement contrarié
leur sortie de terre et rendu plus difficiles mes observations. Le fait est que j'ai trouvé cette année, sur
le sol, beaucoup moîns de Phylloxeras ailés que l'année dernière et vu un bien plus grand nombre de
Phylloxeras aptères.

De toutes ces observations, relatives aux modes
de propagation du Phylloxera, je conclus que, si la
découverte des migrations à ciel ouvert doit avoir
quelque importance au point de vue des moyens de
défense à opposer à l'insecte dévastateur, il était
très-utile de constater d'une manière certaine ces
migrations, et d'en préciser la durée en indiquant à
quelle époque elles commencent et à quelle époque
elles cessent. C'est ce que j'ai fait; et, si on arrive à
trouver un moyen de combattre efficacement l'ennemi
de nos vignes pendant la période de sa présence à

la surface du sol, il était très-essentiel de savoir (et on le sait en combinant mes découvertes de l'année passée avec celles de cette année-ci) que cette période embrasse le temps compris entre le 14 juin et le 23 septembre, ou, pour agir avec plus de certitude, que l'époque pendant laquelle on peut attaquer directement l'insecte est du 1er juin au 30 septembre. En deçà et au delà de ces deux dates, il faut, pour combattre l'insecte, aller le chercher et l'atteindre dans sa retraite souterraine.

Ce que le Phylloxera devient pendant l'hiver

Après avoir précisé l'époque du réveil du Phylloxera au commencement du mois d'avril ; après avoir étudié la période de sa vie active, dans le cours du printemps et de l'été ; après avoir indiqué ses modes de propagation, j'ai cru utile d'observer, d'une manière suivie et sans lacunes, ce que fait et devient l'insecte pendant tout le temps du repos de la végétation de la vigne, afin d'élucider cette période de l'existence de l'aphidien ; période peu étudiée sur le terrain, très-obscure encore, et sur laquelle sont loin d'être d'accord les observateurs qui s'en sont occupés.

— Les uns ont dit qu'en hiver les Phylloxeras se

réfugient sous l'écorce rugueuse du tronc, pour s'y abriter contre l'humidité ; d'autres les ont trouvés tous réunis sous le talon de la souche ou à l'aisselle des grosses racines ; d'autres ne les ont vus que sur les racines principales ; d'autres sur les radicelles ; un autre enfin assure que, dès le mois de novembre, le Phylloxera n'existe plus qu'à l'état d'œuf.

Je regrette d'avoir à le dire, toutes ces assertions sont erronées. Voici ce que j'ai constaté, non dans le cabinet et sur des pucerons élevés dans des bocaux, mais dans le vignoble et sur des sujets en pleine liberté ; non par quelques rares sondages partiels et incomplets, mais à la suite de très-nombreux examens faits sur des souches entières, examens renouvelés tous les quinze jours, depuis le commencement du mois d'octobre jusqu'à la fin du mois de mars. Mes recherches m'ont été particulièrement facilitées par le fait de deux de mes vignes qui, non submersibles et n'ayant pu être par conséquent soustraites à l'action destructive du fléau, sont condamnées à l'arrachage. L'une de ces vignes est située dans un terrain profond et argilo-calcaire de la plaine; l'autre repose au pied d'un coteau, sur un sol de peu d'épaisseur et d'une grande perméabilité.

Je vais relater simplement ce que j'ai vu. De mes observations je déduirai ensuite quelques conclusions qui pourront avoir une certaine valeur, au point de vue pratique, dans l'intéressante question du Phylloxera des vignes.

Mois d'octobre 1872.

Les pluies torrentielles qui sont tombées ici dans le courant du mois d'octobre 1872 ont donné au pluviomètre une épaisseur d'eau de 299 millimètres.

Dès les premières de ces pluies, qui ont eu lieu les 2, 4, 5 et 7 dudit mois, les Phylloxeras adultes, les mères pondeuses, ont commencé à mourir; leur disparition a continué à se produire successivement, à mesure que la température du sol s'abaissait et surtout que les pluies devenaient plus copieuses; elle a été complète après les averses extraordinaires des 18, 19, 21, 22, 23 et 24, qui, en quelques jours, ont fait monter le Rhône à $7^m,30$ au-dessus de son étiage. Dans les derniers jours du mois, il ne restait plus sur les racines des vignes que de jeunes sujets, en grand nombre, la plupart prenant déjà cette teinte jaune cuivré qui caractérise la période de l'engourdissement hivernal; quelques nouveau-nés, très-remarquables par leur couleur ambrée, leurs formes déliées, leur agilité et la course vagabonde à laquelle ils se livrent pour trouver la place où ils doivent implanter les soies de leur trompe dans les pores du tissu radiculaire, pour s'y fixer et y passer l'hiver; et enfin de très-rares groupes d'œufs qui sont encore dans la position où la mère les a laissés en mourant.

Mois de novembre 1872.

Le mois de novembre a été relativement peu pluvieux : l'eau tombée n'a pas dépassé 45^{mm}. Dans le courant du mois précédent, il n'avait pas gelé ; dans les matinées des 14, 15, 16, 17 et 18 de celui-ci, le thermomètre est descendu à — 0°,5.

La première quinzaine de ce mois n'a donné lieu à aucune modification appréciable dans l'état du Phylloxera ; mais, à partir du 15, mes observations ont acquis un degré d'intérêt très-marqué. Dès ce moment, j'ai constaté que les masses d'eau tombées pendant le mois d'octobre commençaient à produire leur action mortifère sur l'aphidien. Voici l'exposé exact des observations que j'ai faites à cette époque :

Ma vigne sur coteau, une de celles dans lesquelles ont lieu mes recherches, est située, ai-je dit, sur un sol peu épais et très-perméable. Le terrain, assez incliné et reposant sur une roche calcaire, est d'autant plus graveleux et peu profond qu'on avance vers sa partie supérieure. A la suite des pluies extraordinairement abondantes du mois d'octobre, un phénomène assez singulier s'est produit dans cette vigne : les filtrations de la montagne au pied de laquelle la vigne est placée ont tenu pendant longtemps dans un état de mouillure considérable toute la couche de terre qui se trouve en contact avec la roche sous-jacente ; de sorte que, contrairement à ce qui arrive ordinairement, les parties du sommet du terrain les plus perméables et les moins profondes sont restées imbibées d'eau plus complétement et plus longtemps que les parties du bas. Ces explications étaient nécessaires pour faire comprendre les observations suivantes :

Sur plusieurs souches arrachées avec le plus grand soin dans la partie haute de la vigne, là où le terrain peu profond et très-perméable se ressuie, en temps normal, avec la plus grande facilité, il ne m'a pas été possible de trouver un seul Phylloxera. J'en ai trouvé dans la partie la plus basse, où le terrain, plus profond et moins graveleux, garde d'habitude l'humidité plus longtemps. J'ai vu là dix à vingt pucerons sur chacune des souches arrachées ; mais, comme ils étaient pour la plupart cachés sous la vieille écorce des racines et qu'il était assez difficile de les dénicher, il devait nécessairement y en avoir un plus grand nombre.

Dans la partie du milieu de la même vigne, terrain de nature intermédiaire entre celle du terrain du haut et celle du terrain du bas, je n'ai fait arracher qu'une seule souche ; mais cette souche unique

m'a permis de faire des observations très-intéres-
santes. L'arrachage en a été fait de la manière la
plus complète, au moyen d'une excavation qui, ayant
3 mètres de diamètre et 75 centimètres de profondeur, me permit d'attaquer les racines par dessous
et d'extraire la souche avec tout son appareil radiculaire. C'était le plus beau spécimen qu'il fût possible d'imaginer au point de vue de l'étude du Phylloxera. La plupart des racines, les grosses surtout,
étaient couvertes de pucerons sur toute leur longueur,
depuis leur point d'attache au tronc jusqu'à leur
extrémité. On voyait des plaques compactes d'insectes
dans toutes les fentes de la vieille écorce; il y avait
même de ces fentes dans lesquelles les insectes paraissaient amoncelés. En levant, avec la pointe d'un
couteau, la vieille écorce dans les endroits où elle
n'adhérait pas à l'aubier, on en trouvait des quantités considérables. Il en était de même sur toute la
périphérie souterraine du tronc, depuis le talon jusqu'à quelques centimètres de la surface extérieure
du sol; il y en avait aussi, mais en quantités moins
grandes, sur les radicelles, et, particularité importante, les groupes étaient aussi nombreux et aussi
peuplés aux extrémités des racines, à la distance d'un
mètre et plus du tronc, aux profondeurs les plus
grandes dans le sol, qu'au voisinage du pied de la
souche et sur les racines les plus superficielles. Je ne
pouvais, sans imprudence, introduire dans mon vignoble du Mas de Fabre cette souche, qui avait sur elle

un énorme foyer d'infection. Très-désireux cependant
de trouver un lieu propice et commode pour pousser
aussi loin que possible mes investigations sur un sujet si remarquable, si précieux, je le portai sur le
bord de notre canal d'irrigation, et, me servant de
la maçonnerie de ma prise d'eau comme d'une table,
je passai là trois heures à des recherches qui avaient
pour moi le plus grand attrait. Je coupai les racines
par fragments faciles à manier, et que j'avais grand
soin de jeter à l'eau dès que je les avais bien exami-
nés : sur les racines de cette souche, il y avait bien
certainement plusieurs milliers de Phylloxeras, tous
jeunes, tous de même grosseur et de même nuance
jaune mat, légèrement cuivré ; tous, ou presque tous,
étaient dans l'immobilité la plus complète. A force
de chercher, je finis cependant par en voir un qui re-
muait ses antennes et deux qui marchaient. Ceux-ci
présentaient tous les caractères de Phylloxeras fraîchement éclos : très-petits, forme allongée très-déliée,
agilité remarquable et couleur d'un jaune très-clair.
Au milieu de ces myriades d'insectes, j'ai vu aussi
un groupe de cinq œufs.

Depuis le 15 novembre, jour où j'ai vu ces trois
pucerons donnant des signes de vie et ces cinq œufs,
il ne m'a plus été possible, dans tout le cours de
l'hiver, de trouver d'autres œufs et de voir remuer
d'autres Phylloxeras. Pour ne plus revenir sur un
autre fait, je dirai aussi, une fois pour toutes, que,
dans toutes mes recherches, j'ai toujours rencontré

les insectes établis indistinctement sur toutes les parties des racines, et je ne les ai jamais vus donner la moindre marque de préférence pour une place déterminée.

J'arrive à une question très-importante et au sujet de laquelle plusieurs observateurs ont fait fausse route : je veux parler de l'état réel des innombrables Phylloxeras qui, dans l'immobilité la plus complète, recouvraient les racines de la souche que j'avais entre les mains. Ces insectes étaient-ils vivants ou étaient-ils morts ?

La question n'était pas facile à résoudre, parce que, en hiver, lorsque ces insectes sont engourdis, ceux qui sont vivants ne remuent pas plus que ceux qui sont morts, et leur apparence extérieure est presque identiquement la même.

Lorsque j'examine des Phylloxeras fraîchement retirés de l'eau et qu'une longue et constante immersion a fait périr, des signes bien connus et infaillibles me donnent la preuve qu'ils sont morts, bien qu'ils aient conservé l'ensemble de leurs formes ordinaires et leur couleur jaune : ils sont enflés, diaphanes ; leurs anneaux sont déboîtés ; le moindre contact d'un brin d'herbe les déforme et les déchire.

Bien que les innombrables phalanges que j'avais sous les yeux ne présentassent pas ces caractères, j'étais cependant très-porté à croire que les individus qui les composaient étaient presque tous morts ; ce dont je suis parvenu à acquérir la preuve en employant les moyens que voici :

1º J'ai placé sur l'objectif d'un microscope de poche plusieurs sujets choisis parmi ceux qui me paraissaient présenter le plus de probabilités d'être vivants, puis j'ai mis l'instrument dans ma poche, dans le but de réchauffer mes petites bêtes et de les faire sortir de leur engourdissement. J'ai répété l'opération plusieurs fois, et j'ai fini par assister au réveil de quelques rares sujets. En ayant soin, en plaçant les Phylloxeras sur l'objectif du microscope, de les mettre sur le dos, on voit ceux qui s'éveillent commencer par remuer une patte, puis une autre, puis toutes, d'un mouvement très - lent et presque insensible d'abord, et s'accentuant à mesure que la chaleur agit sur l'insecte.

J'ai, par ce moyen bien simple, tiré de la léthargie des pucerons qui, à premier examen, même au microscope, paraissaient morts ; mais ceux-ci ont été en bien petit nombre, tandis que ceux qui ont persisté dans l'immobilité absolue, malgré des stations prolongées dans le chauffoir improvisé, persisté, dis-je, jusqu'à donner des signes manifestes d'un commencement de dessiccation, ont été excessivement nombreux.

2º Tout le monde a conservé dans des flacons des Phylloxeras qui, n'ayant pour se nourrir que quelques insignifiants fragments de racine, ont vécu pendant plusieurs mois dans leur prison et y ont multiplié.

C'est une expérience que j'ai faite un des premiers, au mois d'août 1868, et dont j'ai rendu compte en détail dans mes notes du 25 juin 1869.

Donc, si vous prenez un morceau de racine de vigne sur lequel il y ait des Phylloxeras et que vous l'enfermiez dans un flacon, ces Phylloxeras vivront pendant un temps plus ou moins long.

Pour avoir une deuxième preuve de la mort de presque tous les pucerons que j'observais, j'introduisis dans un flacon un fragment de racine qui en était couvert, et je le portai chez moi. Dès le lendemain, ces insectes, qui sous terre, à l'abri du contact de l'air, avaient conservé leurs formes et leur couleur, commencèrent à se dessécher, s'aplatissant ou plutôt se creusant en forme de cuiller, et prirent une teinte brune. Le second jour, ils étaient secs, complétement aplatis et presque noirs.

3° Bien que cette dernière expérience fût concluante, je voulus cependant en essayer encore une, dans le but de pouvoir établir, d'une manière positive, que l'apparence de vie que le Phylloxera mort conserve pendant l'hiver disparaît dès que le sujet ne se trouve plus à l'abri du contact de l'air. (Il est très-important de ne pas perdre de vue que ces expériences ont eu lieu du 15 au 30 novembre, à une époque, par conséquent, où le Phylloxera se trouve en plein engourdissement.)

J'ai coupé en deux parties égales une racine uniformément garnie de Phylloxeras. Un des fragments a été introduit dans un flacon plein d'eau ; l'autre, je l'ai logé dans un flacon vide. Les Phylloxeras de ce dernier flacon n'ont pas tardé à se déformer, à se dessécher et à noircir : preuve irrécusable qu'ils étaient morts. Ceux du flacon plein d'eau, quoique morts aussi, ont conservé pendant très-longtemps leur forme et leur couleur naturelles, et, seul, un œil exercé aurait pu découvrir sur eux les signes caractéristiques de l'insecte ayant fait un long séjour dans l'eau.

Mois de décembre 1872.

Dans le mois de décembre, nous avons eu 146 millimètres d'eau. Le Rhône, à $6^m,90$, nous a de nouveau menacés d'un débordement. Quelques petites gelées du 12 au 17, sans que le thermomètre soit tombé au-dessous de — 1°.

Les pluies de ce mois ont porté un nouveau coup au Phylloxera ; il devient assez difficile d'en trouver de vivants. Dans mes fouilles de tout le mois, je n'ai pas aperçu un seul œuf ni un insecte en mouvement. En comparant l'apparence générale actuelle à ce qu'elle était pendant la deuxième quinzaine de novembre, je constate que le nombre des Phylloxeras

vivants est moins grand ; que, dans certaines situations, les insectes morts commencent à perdre leur
couleur jaune ; que quelques groupes se sont décom-
posés et sont très-difficiles à saisir sous la loupe ; que
je rencontre cependant encore quelques racines sur
lesquelles des réunions assez nombreuses sont visi-
bles ; que, dans ces réunions, j'estime qu'il ne reste
pas un puceron vivant pour cent morts.

Mois de janvier 1873.

Dans le courant de ce mois, le pluviomètre a
recueilli une épaisseur d'eau de 102 millimètres. Il
y a eu quelques matinées froides, sans que le thermomètre ait dépassé — 1°.

Les Phylloxeras morts, qui en novembre et décembre conservaient la couleur et les apparences
d'insectes vivants, étaient bel et bien trépassés. Ils
se décomposent peu à peu, se fondent et disparais-
sent. Il en reste bien encore quelques groupes, mais
ce n'est rien comparativement au nombre qu'il y
avait en novembre. Mais, si les morts sont bien
morts, il est malheureusement certain aussi que les
vivants sont bien vivants. La quantité de ces derniers
ne me paraît pas avoir augmenté, mais aussi il ne
me semble pas qu'elle ait diminué.

Le 11 janvier, j'ai fait de nombreuses fouilles et de nouvelles observations dans ma vigne de la plaine, qui doit bientôt être arrachée. Voici ce que j'ai constaté :

Il y a dans la terre de cette vigne une partie basse excessivement argileuse, où, cet hiver, l'eau a séjourné pendant plus d'un mois, et une partie plus haute, de nature moins argileuse et où l'eau ne reste pas.

Sur les souches arrachées dans la partie basse et argileuse, où l'eau a séjourné pendant plus d'un mois, je n'ai pu trouver un seul puceron, ni vivant, ni mort. Bien qu'il n'eût pas plu depuis neuf jours, la terre, dans cet endroit bas et argileux, avait encore un reste d'eau à sa surface et était très-mouillée à toutes les profondeurs ; tout le système radiculaire des souches ruisselait l'eau.

Sur les souches prises dans la partie élevée, où l'eau n'est pas restée, j'ai trouvé des pucerons, les uns isolés, les autres par groupes de quatre à cinq.

Les insectes morts continuent à disparaître, et, par suite de leur disparition, la proportion des insectes vivants semble plus grande que dans le mois antérieur. Dans cet endroit, où la terre, contenant assez de sable, se ressuie assez vite, les racines des souches sont humides, mais sans excès d'eau.

Mois de février 1873.

Le 2 février, une pluie torrentielle nous a donné en quelques heures 25 millimètres d'eau. La somme totale de l'eau tombée dans tout le mois n'a été que de 45 millimètres. Pendant une douzaine de jours, nous avons eu dans la matinée des froids assez vifs, qui oscillaient entre — 0°,5 et — 2°.

L'état général du Phylloxera est, à très-peu de chose près, le même que pendant le mois précédent. Les sujets vivants continuent à être assez difficiles à trouver. Leur nombre ne me paraît ni plus, ni moins grand qu'en janvier.

Un fait vraiment extraordinaire, c'est le temps que, en hiver et dans certaines situations, met à se décomposer le Phylloxera mort. Je trouve encore, en février, des groupes assez considérables qui ont toutes les apparences de la vie, et qui certainement ont cessé d'exister depuis trois mois. Voici sur quoi j'appuie cette opinion : dès le mois de novembre, je ne trouve plus l'insecte vivant qu'isolé, ou en réunions d'un très-petit nombre de sujets. Depuis cette époque, l'insecte étant dans une immobilité léthargique, il est évident que de nouveaux groupes n'ont pu se former. Ceux que je trouve en février ne peuvent être que les restes de ces myriades d'insectes morts que je voyais au mois de novembre, et dont j'ai constaté la disparition complète dans certains cas, le dépeuplement progressif dans d'autres circonstances. La décomposition se produit d'autant plus vite, que les sujets se trouvent dans des situations plus accessibles à l'air. Ainsi les sujets qui étaient fixés le long de la partie souterraine du tronc ont été les premiers à se dessécher, se décomposer et disparaître ; puis est venu le tour de ceux qui se trouvaient sur les racines les plus superficielles, et ainsi de suite. Je suis loin de vouloir poser ceci comme une règle sans exception, mais, sans nul doute, c'est ainsi que les faits se produisent ordinairement.

Si je me suis appesanti beaucoup sur le phénomène des Phylloxeras morts conservant leurs apparences de Phylloxeras vivants, c'est pour bien faire comprendre la difficulté assez grande qu'il y a à distinguer un puceron plongé dans le sommeil hivernal d'avec un puceron mort, pour faire éviter, autant que possible, la confusion dans laquelle on tombe souvent à ce sujet et rendre moins fréquentes les erreurs qui en résultent.

CONCLUSIONS

Depuis six mois, je n'ai pas perdu de vue un seul instant le terrible Phylloxera ; j'ai assisté à ses dernières transformations ; j'ai constaté la mort des mères et le passage de la vie active à l'engourdissement hivernal des jeunes, l'éclosion des derniers œufs ; j'ai compté les pertes successives que les pluies ont fait éprouver aux colonies chargées de la propagation future. De mes nombreuses et constantes observations, je puis, à coup sûr, tirer les conclusions suivantes :

*
* *

Les caractères les plus saillants de l'hiver que nous venons de traverser sont : une grande douceur de température et une humidité excessive.

*
* *

Les pluies considérables, qui, du 2 octobre 1872 au 2 février 1873, ont donné plus de 600 millimètres d'eau, ont fait périr un très-grand nombre de

Phylloxeras, mais ne les ont pas détruits tous. Dans toutes les situations où, par une cause ou par une autre, l'eau a séjourné assez de temps pour équivaloir à la submersion complète, méthodique et prolongée, que je pratique dans mon vignoble, il ne restait pas au 1ᵉʳ mars un seul Phylloxera ; mais on en trouvait partout où l'eau n'a pas fait un séjour assez long.

Je m'attends à ce qu'on me dise que des Phylloxeras ont été vus dans des vignes qui avaient passé un mois, deux mois, trois mois consécutifs sous l'eau. Je répondrai carrément que le fait n'est pas possible ; qu'on s'est trompé sur la régularité, la durée ou la continuité de la submersion ; que des insectes morts ont été pris pour des insectes vivants ; et je renouvellerai l'offre que je faisais dans une note du 3 février, de me mettre à la disposition de toute personne désirant vérifier que, dans mon vignoble du Mas de Fabre, qui a été submergé seulement pendant trente jours, il ne se trouve pas un seul Phylloxera vivant.

Il est possible que, par suite des pertes considérables qu'il a éprouvées, l'ennemi de nos vignes soit, dans le courant de la présente année, un peu entravé dans sa marche envahissante, comme il le fut par les hivers de 1870 et 1871, mais ce ne sera là qu'un semblant de temps d'arrêt : avec la multiplication de l'insecte, l'œuvre de destruction reprendra son cours, et il est très-probable que, dès l'été prochain, nous en reverrons les signes extérieurs.

(Ce que je prévoyais au mois de mars dernier est malheureusement arrivé. La multiplication de l'insecte a pris, dans le courant de l'année 1873, des proportions effroyables.)

**
* **

Les Phylloxeras ne montrent aucune préférence pour le lieu où ils doivent passer le temps de leur sommeil hivernal. Une place quelconque, sur n'importe quel endroit de l'appareil radiculaire d'une souche, leur suffit, à la condition toutefois que cette souche ne soit pas morte. Ils se fixent indistinctement sur toutes les parties souterraines de la vigne : sur le tronc, sous le talon, sur les grosses et les petites racines, sur les radicelles, depuis quelques centimètres sous terre jusqu'à de très-grandes profondeurs.

**
* **

Une fois que l'insecte est entré dans la période de son engourdissement, l'instinct paraît lui faire complétement défaut pour fuir devant le danger. S'il doit succomber au froid, à l'eau ou à toute autre cause, il meurt à la place où il s'est fixé pour s'endormir.

**
* **

En hiver, le Phylloxera mort conserve pendant

longtemps ses formes et sa couleur naturelles, s'il est
tenu à l'abri du contact de l'air (dans la terre, dans
l'eau, etc., etc.); mais, dès qu'il est exposé à l'air, il
se dessèche, s'aplatit, se creuse en forme de cuiller,
et sa couleur tourne au brun foncé.

*
* *

Lorsque, en hiver, on extrait de terre une racine
garnie de Phylloxeras, il faut une très-grande habitude pour distinguer les insectes morts de ceux qui
ne sont qu'engourdis ; je dirai même que leur clas-
sement immédiat, au moyen d'une simple loupe, est
impossible. Pour sortir du doute, il faut avoir recours
à un bon microscope, ou employer un des moyens
que j'ai indiqués dans le cours de cette étude. Si l'on
ne prend pas ces précautions, on s'expose à tomber,
avec la meilleure foi du monde, dans de graves erreurs, comme celle qui a consisté à mettre dans un
flacon plein d'eau des pucerons morts que l'on a cru
voir vivre pendant trente jours dans cette immersion,
parce que, préservés du contact de l'air, ils ont conservé leurs formes et leur couleur naturelles.

*
* *

Si des observations qui sont relatées dans cette
étude il ne ressort rien de nouveau pour combattre
efficacement le Phylloxera des vignes, il est possible

cependant d'en tirer quelques enseignements qui, malgré leur caractère négatif, ont une réelle importance.

D'abord, si les pluies exceptionnelles de l'automne et de l'hiver 1872, qui ont fait périr une quantité prodigieuse de pucerons, ont été impuissantes pour en débarrasser complétement les vignes, qu'attendre des moyens indiqués jusqu'à ce jour, qui en laissent subsister un plus grand nombre ?

Puis, que devient le procédé qui consiste à attaquer le Phylloxera sous le talon de la souche et à l'aisselle des grosses racines, s'il n'est pas exact que l'hiver il se réunisse dans ces endroits ?

Enfin, que dire de cet autre procédé, reposant sur le principe qu'en hiver l'insecte n'existe qu'à l'état d'œuf, par lequel un simple déchaussement serait un moyen radical de guérison, parce qu'il aurait pour effet d'exposer au contact de l'air et de faire dessécher des œufs qui n'existent pas à pareille époque ?

*
* *

Tant qu'on ne trouvera pas un moyen de guérir autre que celui de la submersion, n'est-ce pas faire quelque chose d'utile que de signaler les remèdes qui ne présentent aucune chance de réussite ? On pourrait ainsi éviter à un grand nombre de propriétaires des dépenses inutiles.

CHAPITRE III

RAVAGES CAUSÉS PAR LE PHYLLOXERA ET ESSAIS DE
GUÉRISON TENTÉS JUSQU'A CE JOUR

—

§ Ier. — LES RAVAGES DU PHYLLOXERA

Tout le monde connaît aujourd'hui les pertes que
le Phylloxera a déjà fait éprouver aux vignobles
du midi de la France. Les vignes de Vaucluse et
des Bouches-du-Rhône sont presque entièrement dé-
truites ; celles du Gard, de la Drôme et de l'Ardèche,
très-gravement atteintes, sont menacées d'un prochain désastre ; le Var, les Basses-Alpes et l'Isère, se
trouvent envahis sur une multitude de points ; l'Hérault est attaqué dans la totalité du riche arron-

dissement de Montpellier; le fléau sévit aussi dans la Gironde, et on vient de constater sa présence dans les Charentes et dans le Lyonnais.

Les progrès considérables que le mal a faits dans le courant de l'année 1873 font craindre de voir prendre bientôt à la maladie le caractère dévastateur avec lequel elle procéda dans Vaucluse et les Bouches-du-Rhône, en 1868 et 1869. Une seule citation fera comprendre la gravité du danger.

La commune de Gravéson, dans laquelle est situé mon vignoble, produisait, avant la maladie, 10 mille hectolitres de vin. On y a récolté :

En 1868, 1re année de l'invasion du phylloxera, 5,500 hect.
  1869, 2e —   —   2,200 —
  1870, 3e —   —   400 —
  1871, 4e —   —   250 —
  1872, 5e —   —   100 —
  1873, 6e —   —   50 —

Mes récoltes particulières ne sont pas comprises dans ces chiffres; il en sera fait mention plus tard.

Si, dans les pays qui n'ont été envahis qu'en 1870, les pertes sont, jusqu'à présent, moins grandes que dans les années précédentes, on doit l'attribuer : 1° aux hivers exceptionnellement froids et humides de 1870 et 1871 et aux pluies extraordinaires qui tombèrent pendant l'hiver de 1872, circonstances qui, en faisant périr un nombre très-considérable de Phylloxeras, ont ralenti momentanément l'extension de l'épidémie ; 2° aux cultures soignées et aux copieux engrais que reçoivent les vignes dans ces pays, cultures et engrais qui rendent certainement la lutte et la résistance plus longues, prolongent d'une année ou deux la vie des vignes, mais sont impuissants pour les sauver. Qu'un automne un peu sec, suivi d'un hiver doux, survienne, et on verra probablement la marche foudroyante des années 1868 et 1869 reprendre son cours, même dans les contrées qui ont paru privilégiées jusqu'à présent.

§ II. — Essais de guérison tentés jusqu'a aujourd'hui

En dehors de mes essais personnels, des expériences très-nombreuses ont été faites dans le but de guérir les vignes malades. Il serait trop long et inutile de les énumérer ici, car, de toutes ces expériences, aucune n'a, jusqu'à ce jour, donné des résultats satisfaisants au triple point de vue de l'*efficacité,* de la *pratique* et de l'*économie.*

Toutes les personnes qui se sont occupées de cette épineuse question se sont heurtées contre *deux écueils* qui, jusqu'à présent, ont été insurmontables.

On ne peut guérir la vigne qu'en la débarrassant, d'une manière complète, des myriades de Phylloxeras qui se nourrissent de sa séve, l'épuisent et la tuent.

Ces pucerons attaquent la souche par ses racines,

dont ils envahissent toutes les parties, quelle que soit leur profondeur dans le sol, depuis quelques centimètres jusqu'à 1 mètre et même plus. L'espace souterrainement occupé par ces racines représente, au minimum, un mètre cube dans les vignes du Midi, où le fléau exerce ses ravages et où les plantations sont généralement faites à raison de 5,000 souches à l'hectare.

Il suffit de quelques insectes, échappés au traitement le plus énergique, pour infester de nouveau tout un vignoble, toute une contrée.

Il n'a pas été difficile de trouver maintes substances toxiques et asphyxiantes pour tuer ce terrible aphidien; mais l'application *pratique* du remède, le moyen de le faire arriver dans toutes les parties du sol, dans toutes les retraites du Phylloxera, voilà ce qui n'a pas été trouvé, voilà le *premier écueil*.

Il est facile de prouver que ce premier écueil est insurmontable.

Le mètre cube de terre dans lequel se trouvent logées les racines de chaque souche (terre que nous supposons être d'une perméabilité moyenne et dans l'état de siccité habituel à nos terrains du Midi) absorbera, non pour être imbibé et délayé, mais pour être *simplement humecté*, absorbera, dis-je, 200 litres de liquide. Quel effet produiront les remèdes en dilution employés aux doses qu'on nous indique comme suffisantes, de 10, 20 et même 30 litres ? Si on répand ces quantités sur les deux mètres de surface que chaque souche occupe dans nos vignobles, elles donneront des couches d'un demi, 1 et 1 $^1/_2$ centimètres d'épaisseur et atteindront le vingtième, le dixième, le sixième de la masse qu'il faut traiter. Le résultat sera identiquement le même si le liquide est versé au pied des souches, dans une conque de déchaussement, ou au moyen de trous faits avec un pal en fer; parce qu'une quantité déterminée d'eau ne peut humecter qu'un certain cube de terre.

On s'est livré à des calculs assez spécieux pour établir qu'en opérant aux époques où la terre est humide, les quantités de 10, 20 ou 30 litres de liquide seraient suffisantes pour une médication efficace. Les expériences faites dans ces conditions n'ont donné que des résultats négatifs. Il est arrivé, ou que les substances toxiques ont été arrêtées dans les couches superficielles du terrain, ou, si elles ont été entraînées dans le sous-sol, qu'elles n'y sont parvenues qu'en se mêlant à l'eau qu'elles ont rencontrée dans leur parcours, eau qui a affaibli le dosage de la dilution et a rendu celle-ci complétement inoffensive.

Et puis, ne perdons pas de vue que 10, 20, 30 litres par souche, représentent 500, 1,000, 1,500 hectolitres de liquide par hectare, quantités impossibles à transporter dans la plupart des cas, et nécessitant toujours une dépense pécuniaire inabordable.

Si, au lieu de se servir d'insecticides qui, pour agir, ont besoin d'être dilués, on emploie des substances volatiles, mortelles aux insectes par les gaz qu'elles dégagent, on rencontrera des difficultés non moins grandes, qui peuvent se résumer ainsi : — 1° dangers que présentent pour l'opérateur celles de ces substances dont l'efficacité est réelle ; — 2° difficultés pour faire arriver l'agent toxique dans toutes les retraites du Phylloxera, c'est-à-dire pour en saturer tout le cube de terre dans lequel sont logées les racines de chaque souche, racines qui, dans nos plantations du Midi, occupent de 1^m,50 à 2 mètres en étendue, et de 0^m,50 jusqu'à 2 mètres en profondeur ; de sorte que, malgré tous les soins qu'on pourra apporter à l'opération, il restera toujours des insectes qui n'auront pas été atteints ; — 3° résistance que certaines terres offrent à leur perforation, rendant cette opération toujours très-coûteuse et quelquefois presque impraticable ; — 4° compacité des sols argileux, que les gaz les plus subtils ne pourront vaincre, compacité parfois égale à celle d'un mur, et telle que, dans les terrains qui la possèdent, les vapeurs seront emprisonnées dans les trous où on aura versé l'agent qui doit les produire, comme elles le seraient dans un vase ; — 5° nécessité de renouveler l'opération au moins tous les ans, dans les rares cas où elle pourrait réussir, nécessité résultant de la propriété la plus utile de l'agent toxique, sa volatilisation ; — 6° enfin les dommages que ces agents occasionneraient aux vignes, s'ils ne les tuaient pas, lorsqu'on voudrait les employer à des doses un peu trop fortes.

En supposant qu'on parvînt à vaincre la première difficulté, provenant de l'application pratique d'un remède efficace, une deuxième se présente qu'il sera bien difficile d'écarter : c'est le côté *économique* du traitement.

Employées à petites doses, jusqu'à la limite du possible, au point de vue de la dépense, les substances n'agiront qu'incomplétement et ne donneront que des résultats nuls. S'il est nécessaire d'augmenter ces doses, on se trouve en présence de débours tellement considérables qu'on est forcé de reculer.

Les personnes qui se sont occupées du traitement des vignes malades ont un peu trop négligé un des plus importants côtés de la question, *le prix de revient des médications proposées*. J'ai traité ce point dans quelques-unes de mes études, et on ne doit pas avoir oublié que j'ai prouvé par des chiffres que de simples moyens *préventifs*, les plus prônés, ne coûtaient pas moins d'un millier de francs par hectare pour chacune de leurs applications, et que, pour obtenir un effet incomplet et de peu de valeur, on avait besoin de recourir à plusieurs applications dans la même année (p. 106 de ma première brochure).

On ne saurait apporter une attention trop sérieuse *aux prix de revient* des divers systèmes de traitements curatifs ou préventifs proposés contre le Phylloxera, parce que c'est là réellement un des points capitaux de la question.

Si, par une seule et unique application d'un remède, il était possible de soustraire, *pour toujours,* une vigne aux atteintes de la maladie, on pourrait peut-être se décider à faire un sacrifice d'argent qui ne devrait pas se renouveler. Mais, en supposant qu'on parvienne à purger complétement cette vigne des pucerons qui l'infestaient, qu'arrivera-t-il lorsque les substances employées auront perdu leurs propriétés toxiques ? Il arrivera fatalement qu'une nouvelle invasion de Phylloxeras aura lieu, et on sera dans l'obligation de renouveler le traitement. Un sacrifice d'argent, disproportionné avec le rendement des vignes, a été consenti une fois; pourra-t-on le supporter deux, trois fois, tout le temps enfin que l'épidémie sévira ? Voilà le *second écueil !*

En opérant sur quelques souches, voire même sur un champ limité d'expérimentations, et en ne tenant aucun compte de la dépense, on pourrait peut-être arriver à des préservations partielles; mais les résultats qu'on obtiendrait ainsi seraient loin d'avoir le caractère d'*efficacité,* de *pratique* et d'*économie,* qu'il est indispensable de trouver dans le procédé à la recherche duquel nous courons.

Quelques personnes ont émis l'opinion qu'en *bien fumant, bien soufrant* et *bien cultivant,* il serait possible de combattre le redoutable fléau qui s'est abattu sur nos vignobles.

Cette théorie n'est pas nouvelle : je l'ai indiquée dès 1869, dans mes notes des 25 juin et 15 septembre de ladite année; je l'ai développée presque dans les mêmes termes sous lesquels on la présente aujourd'hui et l'ai fait suivre des mêmes réserves, à savoir : que, si ces moyens ne guérissaient pas les vignes, ils ne seraient pas perdus pour le sol, puisqu'ils laisseraient à celui-ci de véritables éléments de fertilité.

Si cette manière d'envisager les choses avait une apparence d'opportunité au début de la maladie, elle ne peut aujourd'hui avoir pour effet que de faire reculer la question de quatre à cinq ans et d'entretenir le doute et l'hésitation dans l'esprit des propriétaires ; car, depuis lors, nous avons vu mourir un très-grand nombre de vignes qui avaient été *bien fumées, bien soufrées et bien cultivées*, et personne ne peut dire qu'aucune ait été sauvée exclusivement par ces moyens. En dehors de mon principal domaine du Mas de Fabre, j'avais moi-même des vignes situées dans des terres d'excellente nature et d'une perméabilité parfaite, vignes qui, ne pouvant être submergées, reçurent pendant deux années consécutives tous les soins et toutes les fumures désirables : elles sont mortes et arrachées depuis longtemps.

Il est incontestable que, même dans les régions où la maladie a sévi avec le plus d'intensité, des vignes ont résisté quelque temps à ses attaques. Ce sont : 1° celles qui étaient plantées en terrains très-substantiels, fumées de longue date, et que l'on a continué à alimenter par des engrais riches en éléments constitutifs de la souche (ainsi que je le disais dans mes notes précitées) ; 2° celles qui se sont trouvées situées dans un sol très-sablonneux. Mais, dans l'un et l'autre cas, aucune de ces vignes n'a été complétement préservée ; le plus grand nombre en est tombé dans un état de dépérissement très-marqué, et plusieurs sont déjà mortes.

Les seules conclusions pratiques qu'on pourrait tirer de tout cela, c'est que (ainsi que je le disais dans mes publications du 4 septembre 1872) rien ne serait plus facile, en imitant ce que nous voyons sous nos yeux et en ne tenant aucun compte de la dépense, que de prolonger l'existence d'une vigne atteinte de la maladie. Il suffirait pour cela de mettre tous les ans, au pied de chacune de ses souches, une certaine quantité de sable pur et un bon engrais. Si on pouvait l'arroser, l'effet n'en serait que plus marqué : le sable s'opposerait momentanément au cheminement du Phylloxera ; la fumure et l'eau feraient le reste. Mais il ne faut pas croire qu'une vigne manifestement envahie par le Phylloxera et qu'on traiterait ainsi serait définitivement sauvée. Les personnes qui ne craignent pas de dépenser plus d'argent que ne sont susceptibles de leur en rapporter des vignes malades peuvent essayer ce procédé ; elles auront la satisfaction et le plaisir de voir ces vignes vivre un peu plus longtemps que celles de leurs voisins, mais elles ne les préserveront pas de la ruine.

En résumé, je ne crains pas d'être démenti en avançant que, de la manière que les médications curatives ou préventives ont été employées jusqu'à ce jour, aucune n'a donné de résultats satisfaisants ; que, malgré cinq années de recherches incessantes, aucun moyen EFFICACE, PRATIQUE *et* ÉCONOMIQUE, *n'a été trouvé pour combattre le Phylloxera des vignes.*

CHAPITRE IV

GUÉRISON PAR LA SUBMERSION

§ Ier. — EXPOSÉ DE LA QUESTION ET RÉPONSE AUX OBJECTIONS
QUI ONT ÉTÉ FAITES A CE MOYEN DE GUÉRISON

Il est cependant un moyen qui, s'il n'est susceptible de soustraire *toutes* les vignes au fléau, peut en sauver *un très-grand nombre*. Ce moyen, je l'ai indiqué dès la première heure : c'est l'eau employée à grandes doses, en forme de véritables inondations, pratiquées en automne ou en hiver; non en vue de combattre la sécheresse, mais pour faire périr par noyade et asphyxie l'insecte qui est la cause de la maladie.

Ce procédé a donné lieu à d'assez vives discussions.

Quelques personnes ont émis des doutes sur son efficacité.

D'autres ont dit que son application était tellement restreinte et exceptionnelle, qu'il n'était susceptible de rendre que des services inappréciables.

Quelques-uns enfin, tout en ayant constaté et proclamé les magnifiques résultats que j'ai obtenus dans mon vignoble, ont objecté : 1° que ces résultats sont peut-être dus à une nature particulière de mon sol, qui serait exceptionnellement favorable à la mise en œuvre et à la réussite du procédé de la submersion ; 2° que le rétablissement de mes vignes peut être attribué à la qualité des eaux limoneuses courantes qui servent à mes submersions ; 3° qu'une très-grande part de mon succès revient aux engrais spéciaux que j'ai employés.

Les doutes émis sur l'efficacité du traitement par la submersion ont pris naissance :

1° Dans la confusion généralement apportée entre une véritable submersion et des arrosages même très-copieux.

Le but de la *submersion* est de noyer le Phylloxera. Suivant la période de son existence dans laquelle il se trouve, celui-ci peut vivre dans l'eau plus ou moins de temps : il y périra plus facilement et plus tôt pendant l'époque active de sa vie ; il y résistera plus longtemps en hiver, pendant la période de son engourdissement; *mais il finira toujours par succomber,* si on l'y tient un laps de temps suffisant et proportionné à la résistance qu'il oppose dans les diverses phases de son existence. — Les *arrosages* ont pour effet de raviver momentanément la souche, de prolonger un peu sa vie; mais comme, au lieu de tuer le terrible insecte, ils contribuent à en augmenter le nombre, en lui offrant, par les quelques nouvelles racines dont ils provoquent l'émission, un aliment nouveau, la multiplication toujours croissante de l'aphidien finit infailliblement par épuiser complétement la plante. — Des vignes que la maladie aura envahies et qui, au lieu d'être traitées par la *submersion complète et prolongée,* ne le seront que par des *arrosages,* même très-copieux, succomberont après une résistance plus ou moins longue. C'est ce qui est arrivé à divers vignobles, et notamment à celui de C...., qui, malgré les soins dont il a été entouré par son propriétaire, les bonnes cultures, les engrais énergiques et les irrigations copieuses qu'il a reçus, a fini par périr. Ce vignoble, qui avait une eau abondante à sa disposition, serait aujourd'hui florissant si son propriétaire n'avait constamment confondu les arrosages copieux avec la submersion. Je cite à dessein le vignoble de C..., pour bien faire ressortir la différence qui existe entre les deux traitements, *arrosages* et *submersion.* Le vignoble de C...., qui, en 1868 et 1869, produisait encore de belles vendanges, *ayant été traité par les arrosages copieux, très-copieux, est complétement mort depuis longtemps.* Mon vignoble du Mas de Fabre, qui, dans les mêmes années, était tombé au dernier degré de l'épuisement et ne me donnait que des récoltes à peu près nulles, *ayant été soumis au traitement de la submersion, est aujourd'hui presque aussi florissant qu'avant la maladie;*

2° Dans la manière imparfaite dont les submersions sont quelquefois conduites, au point de vue de leur durée et de leur mise en pratique.

Il est indubitable que, si l'insecte n'est pas tenu dans l'eau un temps suffisant, il ne mourra pas, et que, si toute la vigne, toutes les souches, ne sont pas submergées, il restera des pucerons qui multiplieront pendant les chaleurs et mettront de nouveau le vignoble en péril. Or, si on n'opère pas sur un terrain parfaitement nivelé, il faut prendre quelques précautions pour que la submersion soit complète, générale et continue. Des bourrelets bien établis doivent être disposés de manière à retenir l'eau : c'est ce qui a toujours été négligé dans les cas où l'on prétend que le traitement par la submersion n'a pas donné de résultats satisfaisants. — Je ne saurais trop le répéter, la submersion, pour produire tout son effet, c'est-à-dire pour faire périr jusqu'au dernier Phylloxera, doit être complète et permanente pendant trente jours, si on la pratique en automne, à partir du 15 au 30 septembre (c'est le moment le plus favorable à la réussite de l'opération, parce que à cette époque l'insecte, n'étant pas encore entré dans la période de son engourdissement hivernal, périt plus facilement, et la vigne, étant presque arrivée au terme de sa végétation, peut, sans le moindre danger, être couverte d'eau). — Si on ne l'emploie qu'en hiver, la submersion devra avoir une durée de quarante-cinq jours.

3° Il est encore une circonstance qui a provoqué des doutes sur l'efficacité du traitement par la submersion : c'est l'état de maladie très-avancé dans lequel se trouvaient des vignes au moment où elles ont été soumises au traitement. Il n'est pas facile de ramener à la vie et à la vigueur une plante presque morte, et malheureusement il est quelquefois bien difficile, sans pratiquer des sondages souterrains, auxquels peu de propriétaires ont recours, de préciser exactement la gravité du mal d'une souche atteinte de la maladie du Phylloxera. Nous voyons, tous les ans, des exemples de vignes qui, ayant végété pendant toute l'année d'une manière presque normale, ayant mûri leurs raisins, sont mortes dans le courant de l'hiver. Si on avait observé les racines de ces vignes au mois de novembre, on les aurait trouvées presque complétement désorganisées. La plante, dans ses parties aériennes, ne se soutenait que par un reste de séve acquis dans les derniers jours de sa végétation et par la fraîcheur qui, de proche en proche, lui est communiquée par la terre, souvent humide à cette époque de l'année. Le bois extérieur, n'étant plus alimenté par les racines, se dessèche lentement, comme le ferait une tige verte qui serait piquée en terre. Cependant, à l'époque de la taille, on ne trouve plus que des sarments à moitié secs. Voici un fait, dont je puis garantir l'authenticité, qui prouve l'exactitude des observations précédentes. — M. Boissière de Bertrandy, propriétaire, à Tarascon, d'un beau vignoble qui, jusqu'à la fin de l'année 1869, avait été préservé du fléau, fait ramasser, au mois de décembre de ladite année, trois à quatre mille sarments dans celle de ses vignes qu'il croit la plus saine, la plus vigoureuse. Ces sarments, plantés en pépinière en janvier 1870, ont une réussite des plus satisfaisantes ; la vigne mère qui les a fournis est trouvée morte lorsqu'on vient pour la tailler. Cette vigne succomba à l'attaque d'un nombre très-considérable de Phylloxeras ; son mal était incurable dès l'hiver de 1869-1870. Si on l'eût inondée à cette époque, on ne l'aurait pas empêchée de mourir, et on n'aurait pas manqué de se servir de ce fait pour nier l'efficacité de la submersion, et même peut-être pour dire que le remède avait tué le malade. — J'ai sous les yeux la preuve qu'une vigne peut être sauvée, même lorsqu'elle est arrivée à un grand degré d'épuisement ; mais il faut, pour cela, que tous ses éléments de vie ne soient pas éteints. Opérer dans ce dernier cas, ce serait vouloir ressusciter un cadavre. — Il sera toujours imprudent d'attendre, pour

traiter une vigne, qu'elle ait été très-affaiblie par la
maladie. On ne saurait trop se hâter de la soumettre
à mon traitement curatif, dès que les premiers pucerons se montrent sur ses racines ; et, moins elle sera
malade, plus certain et plus prompt sera son rétablissement.

On fait au procédé de la submersion le reproche
de ne pas être applicable dans toutes les situations.

De ce que ce moyen ne peut être employé dans les
vignobles qui ne sont pas inondables, faut-il négliger
de s'en servir dans les localités accessibles à l'eau ?
Puisqu'on ne peut pas trouver un autre moyen plus
général, applicable aussi bien aux vignes sur coteaux
qu'à celles de la plaine, est-ce prudent de ne pas se
servir de celui de la submersion dans les vignes qui
sont submersibles, surtout après que sa parfaite efficacité, son emploi pratique et sa grande économie,
ont été établis et reconnus.

On dit, avec une persévérance vraiment regret-
table et incompréhensible qu'il ne peut être employé,
que dans des cas exceptionnels.

Je trouve, et bien des propriétaires trouveront avec
moi, que c'est grandement méconnaître l'importance
des vignobles qui pourraient être traités par mon
procédé. — On n'a qu'à jeter les yeux sur une carte
où les cours d'eau et les altitudes sont indiqués, qu'à
consulter les personnes les plus compétentes, pour se
convaincre que ces vignobles sont, au contraire,

très-nombreux dans les plaines des départements de Vaucluse, des Bouches-du-Rhône, qui sont sillonnées de canaux d'irrigation ; dans celles du Gard, de l'Hérault, de l'Aude et de toute la région attaquée ou menacée par le terrible fléau, dans lesquelles abondent des cours d'eau qui pourraient être facilement utilisés. Et remarquez bien que, dans ces diverses contrées, ce sont ces vignobles de la plaine qui produisent la plus grande quantité de vin et représentent la plus considérable somme de richesses. C'est presque de l'aveuglement que de nier la possibilité de mettre en pratique le moyen de traitement que j'ai indiqué dans des pays où, s'il est vrai qu'on souffre horriblement de la sécheresse en été, il est vrai aussi qu'en grande partie les plaines sont souvent exposées, dans la saison des pluies, à être inondées par le débordement des rivières, et où des travaux considérables de défense ont été faits pour mettre un grand nombre de propriétés et des territoires entiers à l'abri des inondations. Enfin, si mon moyen n'est pas applicable aujourd'hui dans la généralité des terrains, *il le sera un jour ;* car toutes les vignes qui, dans les pays où arrivera le Phylloxera, ne sont pas susceptibles d'être submergées, sont fatalement destinées à périr. Si tous nos efforts sont impuissants pour conjurer un si grand malheur, tâchons au moins d'y remédier dans la mesure du possible.—Si, par la submersion, nous ne pouvons sauver tous nos vignobles, sauvons d'abord ceux qui peuvent l'être par ce moyen; et puis, pour remplacer les vignes qui, n'étant pas accessibles à l'eau, sont condamnées à mourir, faisons de nouvelles plantations dans les immenses plaines où nous avons de l'eau en abondance. — Et, surtout, ne nous laissons pas aller à la défaillance parce que quelques personnes, tout en déconseillant le moyen de la submersion, par la seule raison qu'il n'est pas applicable sur nos coteaux et dans les situations où l'eau manque, n'en indiquent aucun autre et se perdent dans des conjectures tout à fait incertaines.

Tous les jours, de nouveaux faits viennent donner plus de force à l'opinion que j'ai émise au sujet de la possibilité de submerger un assez grand nombre de vignobles. Pour pouvoir pratiquer cette opération, je n'avais, jusqu'à présent, compté que sur les cours d'eau susceptibles d'être utilisés au moyen de simples dérivations, avec ou sans barrages. Un ingénieur propriétaire du département des Bouches-du-Rhône vient de prouver qu'il est possible de tirer parti, à peu de frais, d'une eau se trouvant très en contre-bas de la vigne qu'il s'agit d'inonder. Une locomobile de quatre à dix chevaux de force, du prix de 4 à 10,000 fr. (suivant la hauteur à laquelle l'eau doit être élevée), et une pompe d'un débit de 50 à 150 litres à la seconde, du prix de 1,000 à 1,500 fr., suffisent pour atteindre ce résultat. L'entreprise à laquelle vient de se livrer notre ingénieur propriétaire est d'autant plus digne d'être citée et imitée que, pour la mener à bonne fin, il a eu à vaincre des difficultés bien plus grandes que celles qui se présenteront dans la majorité des cas. Pour se servir d'un ruisseau qui baigne le pied de son vignoble, il a dû élever l'eau à une dizaine de mètres. Combien de propriétaires ne se trouvent-ils pas dans des conditions plus avantageuses? Et, en présence d'un pareil fait accompli, n'est-on pas en droit de dire qu'est submersible la grande majorité des vignobles situés dans les plaines des pays atteints ou menacés par le fléau? Car, dans tous ces pays, il y a de l'eau en abondance, et, dans les cas les plus défavorables, le coût annuel de l'opération, en y comprenant l'intérêt et l'amortissement du capital employé en machines, ne s'élèverait qu'à des sommes peu importantes[1].

Quant aux trois dernières objections qui sont faites au moyen que je préconise pour guérir les vignes atteintes de la maladie du Phylloxera, je dirai :

1° D'abord, il serait puéril de penser qu'un terrain exceptionnel s'est trouvé juste à l'endroit où est situé mon vignoble. Mon sol, formé par des alluvions de la Durance et reposant sur une forte couche de cailloux roulés, quoique contenant une assez grande quantité d'argile, est franchement perméable dans la presque totalité de son étendue; et, bien que de

[1] Voir, à la fin de ce mémoire, les très-importantes notes A, B et C.

légères flaques d'eau restent à sa surface après des
pluies un peu prolongées, il se ressuie facilement.
Des terres d'une nature physiquement identique, au
point de vue de leur pénétrabilité, se rencontrent
très-fréquemment dans tous les pays ; et celles qui,
après de fortes pluies, conservent une humidité assez
grande pour rendre tout travail impossible pendant
plusieurs jours, sont en bien plus grand nombre que
celles qui se ressuient instantanément : eh bien ! je
crois pouvoir affirmer que, à l'exception de ces dernières, toutes les terres sont susceptibles d'être submergées, si elles sont dominées par un volume d'eau
suffisant. Cette opinion sera certainement partagée
par les nombreux propriétaires qui, après un hiver
pluvieux, se plaignent de ne pouvoir faire leurs cultures du printemps que très-tard. — Ensuite, en partant du principe que le Phylloxera est la cause de la
maladie des vignes, et que le salut de celles-ci réside
uniquement dans la destruction de l'insecte, j'ai
maintes preuves pour assurer que, à l'exception de
quelques cas très-rares, toutes sortes de terrains, depuis les plus compactes jusqu'aux plus perméables,
peuvent être purgés complétement du Phylloxera.
C'est simplement une question de quantité d'eau plus
ou moins grande. Un hectare de mon vignoble est
tellement sablonneux que l'eau en traverse la terre
avec la plus grande facilité : j'arrive cependant à
débarrasser du Phylloxera cet hectare, aussi bien
que tout le reste de mes vignes ; je suis seulement

obligé d'y amener une plus grande quantité d'eau.
C'est une difficulté à vaincre, mais non une impossibilité. Dans un passage de ce mémoire, j'ai fait mention d'une partie de vigne située au pied d'un coteau,
dans un sol graveleux, d'une perméabilité extrême,
où il ne me fut plus possible de trouver un seul
puceron vivant, après les pluies copieuses de l'automne de 1872, bien que, avant ces pluies, il y en
eût des légions innombrables ; et, cependant, l'eau
n'avait fait là que traverser continuellement le terrain, et n'avait jamais été surnageante.

2° L'eau de la Durance, dont je me sers, parfois
chargée de limon après de fortes pluies d'orage, est
rarement *limoneuse* en automne et en hiver ; elle est
au contraire, la plupart du temps, à ces époques,
d'une limpidité désespérante. J'ai en mon pouvoir un
document officiel qui prouve que, dans tout le courant du mois de novembre, pendant lequel mes submersions sont habituellement faites, en tenant compte
du dépôt produit dans les canaux d'amenée, le volume total de l'eau qui est conduit dans mes vignes
(environ 5,000 mètres cubes par hectare) laisse tous
les ans sur mes terres nne épaisseur de limon de
$^1/_{10}$ de millimètre ; limon provenant de terres archi-
lavées et dont la valeur fécondante est très-contestée.

Cette eau est, dit-on, courante. Je voudrais qu'on
m'indiquât une eau d'irrigation qui ne fût pas obligée
de courir pour parvenir aux lieux où elle doit être

employée. De plus, si elle court pendant le temps de la mise en œuvre de la submersion, il arrive un moment où, n'étant plus alimentée, elle devient forcément stagnante, et reste dans cet état jusqu'à ce qu'elle ait été absorbée ou évaporée; plus longtemps stagnante que les eaux de pluies, puisque, beaucoup plus abondante que celles-ci et emprisonnée dans des endiguements qui s'opposent à son écoulement, elle met un temps bien plus long pour disparaître. Si les résultats que j'ai obtenus devaient être attribués à la qualité de l'eau que j'ai employée, des résultats semblables auraient dû se produire partout où on s'est servi de la même eau, en irrigations copieuses et réellement à l'état d'eau courante, puisque, dans les cas auxquels je fais allusion, cette eau était amenée sur des terrains en pente non endigués. Qu'on relise les nombreuses communications qui ont été publiées en 1868 et 1869, par des propriétaires qui croyaient avoir sauvé leurs vignes au moyen de fortes fumures et d'abondants arrosages faits avec de l'eau de la Durance, et qu'on demande à voir ces vignes ! Elles sont arrachées et n'ont survécu que peu de temps à leurs voisines. Ces propriétaires ne croyaient pas à l'action directe du Phylloxera : le Phylloxera a tué leurs vignes. Si, au lieu de se contenter d'irriguer très-abondamment leurs vignobles, avec cette eau merveilleuse de la Durance, ils les eussent submergés, ces vignobles ne seraient pas morts et arrachés.

3° Une grande part de mon succès revient, dit-on, **aux** *engrais spéciaux* que j'ai employés.

Je vais prouver que, par l'eau seule, les vignes peuvent être guéries. Mais, avant d'entrer dans l'argumentation que cette proposition réclame, qu'on me permette d'adresser à mes antagonistes la question suivante :

Si je faisais la concession que, « pour que l'efficacité de la submersion soit certaine, il est indispensable qu'elle soit accompagnée de fumures spéciales »,

Quel inconvénient y aurait-il à cela !

Déduction faite du coût de mes engrais (290 fr. par hectare), de celui de la submersion (60 fr.) et de tous mes frais de culture (150 fr.), mon vignoble ressuscité m'a produit, l'année dernière et cette année-ci, malgré les gelées d'avril et une taille exagérément courte, près de 1,000 fr. net, par an et par hectare. Il me produira certainement beaucoup plus à l'avenir, à présent que son état de vigueur me permet de le tailler sur deux bourres franches.

En 1869, époque à laquelle je n'avais pu obtenir encore la concession d'eau qui m'était nécessaire pour soumettre mon vignoble au traitement de la submersion, une de mes vignes, mourante, était condamnée à être arrachée. Je la noyai en 1870, non dans le but de la rétablir (je ne le croyais pas possible), mais pour éteindre le foyer d'infection qu'elle recélait et qui aurait été un danger permanent pour le reste de mon domaine, et j'ai continué à l'inonder tous les ans. Cette vigne est revenue à la vie et me donnera une récolte entière l'année prochaine ; elle n'a cependant été que submergée et n'a jamais reçu pour un centime d'engrais.

Une autre de mes vignes tomba dans un état de dépérissement extraordinaire, dont elle se ressent encore, pour n'avoir pu être submergée qu'un an après mes autres vignes ; et cependant elle a été fumée autant, aussi souvent et avec les mêmes engrais que toutes les autres parties de mon vignoble. La différence de vigueur de cette vigne, submergée pour la première fois en 1871, avec celle de la vigne qui la touche et qui fut submergée un an plus tôt, est la plus grande preuve qu'il soit possible de produire à l'appui de l'efficacité de la submersion ; car, avant d'avoir installé mon système de défense, ces deux vignes n'en faisaient qu'une : mêmes cépages, même plantation, même âge, même terrain, même état de faiblesse. Un bourrelet les sépare aujourd'hui, bourrelet qui a permis de submerger, dès 1870, la partie du nord et non celle du midi. Pourquoi ces deux parcelles d'une même vigne n'ont-elles pas aujourd'hui la même vigueur ? Parce que, dans l'une, le progrès du mal fut arrêté par une submersion faite à temps, et que l'autre, restée un an de plus aux prises avec l'insecte destructeur, tomba dans un état de faiblesse extrême, quoique ayant été fumée très-copieusement avec mes *engrais* prétendus *spéciaux*.

Les deux vignes dont je viens de fairé mention, comme étant arrivées au dernier degré de l'épuisement, et qui heureusement ne représentent qu'une insignifiante fraction de mon vignoble, sont aujourd'hui en pleine voie de rétablissement.

En dehors de mon domaine du Mas de Fabre, je possédais quelques magnifiques clos de vigne, dans lesquels il était de toute impossibilité de faire arriver l'eau. Ces clos de vigne furent, dès les premiers symptômes de la maladie, fumés avec les mêmes engrais qui étaient employés dans mon principal vignoble et reçurent les mêmes soins. Fumures et peines perdues ! Ces clos de vigne, n'ayant pu être submergés, sont morts depuis longtemps, malgré les *engrais* prétendus *spéciaux* qu'ils ont reçus. Le même sort a été réservé à toutes les vignes de ma région : fumées ou non fumées, elles ont succombé. Quelques rares plantations qui se sont trouvées situées dans des terrains sablonneux ont seules résisté, plus ou moins ; presque autant celles qui n'avaient jamais reçu le moindre engrais, que celles qui avaient été fumées copieusement.

On a beaucoup parlé, dans ces derniers temps, des résultats obtenus par mon voisin, M. Pieyre, dans son domaine du Mas de Mailliau, au moyen d'une fourchée de fumier et d'un peu de soufre mis simultanément au pied des souches (système Desplans).

Des considérations de bon voisinage m'obligent à

une réserve que tout le monde comprendra et m'empêchent d'examiner en détail ce qui se fait au **Mas de Mailliau**; mais **MM.** Pieyre, oncle et neveu, ne m'en voudront pas, je l'espère, de citer simplement deux faits qui sont du domaine public :

1° Dans la propriété de Mailliau, il y a des terres de natures très-différentes : les unes sont franchement argileuses et les autres franchement sablonneuses; toutes les vignes du domaine ont reçu le même traitement. Or celles qui se trouvaient situées dans les parties argileuses sont toutes mortes, et, seules, ont plus ou moins résisté celles qui se sont trouvées dans un sol sablonneux.

2° **M.** Alfred Pieyre, neveu du propriétaire de Mailliau et propriétaire lui-même à Marsillargues (Hérault), après avoir suivi avec attention les travaux de submersion pratiqués dans mon vignoble et étudié les essais de guérison faits au Mas de Mailliau; après avoir comparé les résultats obtenus par mon procédé à ceux qu'a réalisés son oncle; M. Alfred Pieyre, dis-je, n'a pas balancé à employer le moyen de l'eau pour guérir ses vignes du Mas de Mourgues, à Marsillargues. Sa détermination est d'autant plus significative que l'unique ressource qu'il ait pour inonder ses plantations consiste à prendre l'eau au Vidourle, au moyen d'une machine élévatoire d'une grande puissance et d'un coût assez fort. Dans ce but, il a fait construire, par les Forges et Chantiers de la Méditerranée, une machine à vapeur fixe, de la

force de vingt-trois chevaux et du prix de 16,000 fr.,
et une pompe centrifuge de 28 centimètres de diamètre, débitant à la seconde 170 litres d'eau, puisée
à 4^m,50 de profondeur. Cette pompe lui a coûté
1,200 fr.

Je vois avec peine que l'on revient à la théorie
des engrais *seuls* pour combattre le fléau des vignes.
Ce moyen a été essayé sur une vaste échelle, dès
1868, dans Vaucluse et les Bouches-du-Rhône, et il
a été universellement jugé comme complétement
inefficace, ainsi qu'en font foi les Bulletins de 1868,
1869 et 1870, des diverses Sociétés d'agriculture qui
se sont occupées de la maladie des vignes. Que de
prétendus succès, provenant de l'emploi des engrais,
n'a-t-on pas annoncés dans les premières années de
l'invasion du fléau ! On oublie un peu trop facilement ce qui a été constaté à cette époque, et je recommande la lecture des documents qui s'y rappor-
tent. En rapprochant les espérances d'alors des résultats vérifiés plus tard, on verrait que, de toutes
les vignes qu'on avait cru sauvées par de fortes fumures, des engrais spéciaux, des arrosages copieux
et les moyens culturaux les plus complets ; que de
toutes ces vignes, dis-je, aucune n'existe plus aujour-
d'hui. — Combien de propriétaires qui, récoltant
encore des quantités considérables de vin en 1869
et 1870, et disant alors que le succès avait dépassé
toutes leurs espérances, ne récoltent plus rien aujourd'hui, n'ont plus de vignes et ont vendu le ma-

tériel de leurs caves! — A moins d'admettre que tous les propriétaires de Vaucluse et des Bouches-du-Rhône sont des insouciants ou des incapables, revenir aujourd'hui sur ces faits acquis, c'est faire reculer la question de quatre ans. — Employer les engrais dans des vignes qui ne sont pas encore tombées dans un degré d'épuisement trop avancé, *en vue de profiter le plus longtemps possible des hauts prix des vins;* fumer largement les vignes non encore atteintes, *pour augmenter leurs récoltes et les aider à résister plus longtemps, au fléau lorsqu'il les aura envahies,* c'est rationnel, et la théorie n'est pas nouvelle. Je l'ai développée dans mes premiers écrits en 1869; c'est là une simple question d'arithmétique. Mais prétendre, par des engrais seuls, guérir ou préserver les vignes du Phylloxera, c'est une grande erreur, que l'expérience a prouvée depuis longtemps.

Dans les récentes notes que **M. Max.** Cornu vient de présenter à l'Académie, il a apporté à tous ces faits la plus éclatante consécration de la science. Voici quelques-unes de ses conclusions :

« Les moyens culturaux, les engrais employés *seuls,* ainsi que je l'ai déjà dit, ne peuvent pas, et pour des raisons *parfaitement sûres,* fournir le remède propre à combattre avec succès la maladie des vignes. On voit encore malheureusement beaucoup trop d'habiles cultivateurs, égarés par des opinions sans base, se lancer dans des essais coûteux, dont l'insuccès définitif peut être prédit..... Quelle lourde responsabilité pour ceux qui, influents dans leur pays, à quelque titre que ce soit, soutiennent et propagent de pareilles opinions ! »

Ah ! pourquoi la submersion n'est-elle pas applicable aussi bien sur nos coteaux que dans nos plaines ? L'opposition qui lui est faite aurait vite cessé !!!

§ II. — RÉFUTATION DE QUELQUES NOUVELLES OBJECTIONS QUI POURRAIENT ENCORE ÊTRE FAITES CONTRE LE SYSTÈME DE LA SUBMERSION.

Un fait digne d'être remarqué, c'est que, parmi les nombreuses critiques qu'a soulevées le procédé de la submersion pour guérir les vignes, aucune n'a été dirigée vers quelques points du traitement qui, de prime abord, pouvaient paraître attaquables. Cela vient de ce que les personnes qui ont écrit sur cette question n'ont pas été à même de rechercher, d'une manière suivie et sur place, les causes de faits qu'elles n'ont pu observer assez longtemps. Ma position exceptionnelle de propriétaire vivant sur mon vignoble, en me permettant de me livrer à des investigations incessantes, m'a permis de faire des observations plus approfondies. Trois points surtout, très-essentiels, m'ont fortement préoccupé :

1° L'obstacle qu'une terre très-argileuse et compacte oppose à la pénétration de l'**eau** jusqu'aux racines inférieures des souches;

2° L'appauvrissement auquel le sol pourrait être exposé par suite de l'introduction d'une eau trop abondante et de son séjour prolongé dans les vignes ;

3° **Le** mal qui pourrait résulter pour celles-ci d'un **excès** d'humidité en hiver et de grands froids survenant pendant leur submersion.

J'ai été très-heureux de voir se dissiper successivement chacune de mes craintes. Voici quels ont été, sur ces trois points, les résultats de mes études, résultats basés sur des faits :

Premier point. — Au mois d'octobre 1869, au milieu d'une des plus grandes sécheresses que nous ayons éprouvées en Provence, je me livrai à des expériences pour savoir quelle était la somme d'eau nécessaire pour pénétrer et saturer le cube de terre dans lequel se trouvent logées les racines d'une souche.

Une motte de terre de nature argilo-calcaire, à l'état de siccité presque complète, taillée en dé, pesant 1800 grammes et mesurant exactement un décimètre cube, fut mise en contact avec de l'eau et absorba, par capillarité, 200 grammes de liquide.

Après cette première opération, la terre, humectée seulement, était encore friable, c'est-à-dire dans une condition qui n'exclut pas la présence du Phylloxera. La somme d'eau absorbée (200 grammes pour un décimètre) porte à 200 kilogrammes, ou 200 litres, celle

qui sera absorbée par un mètre cube : c'est la quantité
de liquide nécessaire à la pénétration de la masse de
terre dans laquelle sont logées les racines de chaque
souche dans nos vignes du Midi. — Ce fait est d'une
grande importance, car il prouve mathématiquement
l'insuffisance des doses de liquide employées dans les
traitements par les substances toxiques en dilution.

Les 200 litres de liquide qui seraient nécessaires
pour que les médications par les insecticides employés en dilution fussent efficaces, ne sont pas suffi-
sants pour le traitement par la submersion.—Je continuai donc mon adition d'eau jusqu'au moment où
mon décimètre de terre fut amené à l'état boueux et
fut assez imbibé pour que l'insecte se trouvât dans un
milieu aqueux, où l'existence lui devint impossible.
Pour arriver à cet état, il fallut augmenter la quantité
d'eau de 300 grammes, ce qui porta à 500 grammes
la somme totale de l'eau absorbée par un décimètre
de terre, soit 500 kilogrammes, ou 500 litres par
mètre cube.

En possession de ces données, j'enfermai dans un
bourrelet quatre souches situées dans la partie la plus
argileuse d'une de mes vignes, de manière à circon-
scrire un espace de 8 mètres carrés, espace égal à la
surface occupée par les quatre souches que j'allais traiter. Pendant vingt jours consécutifs, je fis verser chaque jour deux hectolitres d'eau dans cette espèce de
réservoir. Le résultat que je me proposais d'atteindre
étant de saturer le terrain jusqu'à un mètre de pro-

fondeur, et ayant 8 mètres cubes à saturer, je donnai ainsi à chacun de ces mètres les 500 litres que j'avais reconnus être nécessaires pour arriver à mon but.

Huit jours après l'opération terminée, lorsque je vins pour en constater l'effet, grands furent mon étonnement et ma déception en trouvant : — 1° la couche supérieure du terrain seule saturée d'eau jusqu'à une profondeur de 25 centimètres, et *point de Phylloxeras;* — 2° sous cette première couche, une seconde d'une épaisseur de 20 centimètres, assez mouillée mais encore friable, *quelques Phylloxeras;* — 3° puis une troisième couche de 15 centimètres, à peine humide, des *Phylloxeras en grand nombre;* — 4° enfin un sous-sol complétement sec, avec des racines qui atteignaient, quelques-unes, jusqu'à 1 mètre de profondeur et sur lesquelles des insectes se voyaient encore, *mais rares.* Dans la seconde et la troisième couche, les racines de mes quatre souches n'étaient pas plus mouillées que la terre.

C'était fait pour amener le doute dans l'esprit le plus optimiste. Je ne perdis cependant pas courage, et une espérance me soutint. Je pensai que ce que n'avait pu faire une eau distribuée peu à peu, quoique avec abondance, pourrait être obtenu par une eau plus abondante encore, arrivant en grande nappe sur le terrain, et dont l'action pénétrante serait puissamment aidée par la pression continue d'une couche surnageante.

Mon espoir ne fut pas déçu, bien que, dans la pratique en grand, lorsque je pus opérer sur tout mon vignoble, les choses se soient passées d'une manière à laquelle j'étais loin de m'attendre. Voici les constatations que je fis, après trente jours de submersion, dans quelques rares parties de mes vignes où le terrain contient beaucoup d'argile : d'abord une couche de 30 à 35 centimètres d'épaisseur, complétement imbibée et délayée ; puis, au-dessous de cette couche, une terre humide seulement et friable, mais dans cette terre *tout le système radiculaire ruisselant d'eau.* Il est évident que le liquide, obéissant à une puissante et continuelle pression, quoique n'ayant pu pénétrer qu'imparfaitement le terrain à une certaine profondeur, avait suivi les racines en s'infiltrant dans les mêmes rugosités de l'écorce par lesquelles chemine le minuscule insecte, et peut-être aussi en passant à travers les pores de la racine. Dans les terres plus perméables, dont se compose la presque totalité de mon domaine, non-seulement toutes les couches étaient largement saturées, mais encore plus je faisais creuser, plus abondante était l'eau.— Puis, circonstance la plus essentielle, dans aucun cas il ne me fut possible de trouver un seul puceron.

La difficulté de faire arriver l'eau jusqu'aux racines les plus profondes était donc vaincue ; mes craintes à ce sujet étaient dissipées. Quatre années d'expérience et de pratique ont fait d'une théorie un fait certain. L'eau qui ne peut arriver aux racines inférieures d'une vigne, si elle est appliquée en petites doses, pénétrera jusqu'aux racines les plus profondes, même dans un sol très-argileux et très-compacte, si elle est aidée par une pression puissante. — C'est le suintement qui se produit par la fissure d'un vase : il s'arrête quand le vase est clos, il se manifeste dès qu'une ouverture permet à la pression atmosphérique d'agir.

Deuxième point. — Au printemps de 1871, mes vignes éprouvèrent un retard marqué dans leur végétation. Au mois de juin, prenant pour de la faiblesse ce qui n'était qu'un retard, je fus un moment porté à attribuer cette apparente faiblesse à un appauvrissement que mon terrain devait éprouver, par suite des grandes masses d'eau sous lesquelles je l'avais fait passer depuis deux ans, pendant de longues périodes. Il n'en était rien ! Dès le mois de juillet, mon vignoble prit un essor inattendu et regagna vite le retard qu'il avait éprouvé en avril et juin dans sa végétation. La longueur des sarments, qui atteignit en moyenne 1^m,50, la belle coloration verte des pampres, la dimension normale des feuilles, et surtout l'allongement persistant des bourgeons, me prouvèrent jusqu'à l'évidence que la santé de mes vignes était parfaite et qu'aucune faiblesse n'existait en elles. Oui, c'était simplement un retard dans la végétation, occasionné par les froids excessifs de l'hiver précédent; froids que mes inondations avaient fait pénétrer plus profondément dans la terre, ou du

moins avaient fait durer plus longtemps ; retard occasionné aussi par la tardiveté de mes cultures, à
laquelle je fus contraint par les motifs que j'ai indiqués dans mes notes du 20 juillet (*Messager agricole* du 10 août 1871). Des faits qui prouvent d'une
manière encore plus concluante que l'épuisement
n'était pour rien dans le phénomène observé sur mes
vignes, au mois de juin 1871, c'est la précocité de
mes vendanges, qui étaient terminées le 7 septembre;
tandis que celles du Languedoc, ordinairement en
avance sur les nôtres, ne furent commencées que le
11 du même mois, pour ne prendre fin que dans la
première quinzaine d'octobre ; c'est aussi la grosseur et la maturation normales de mes raisins, que
MM. Gaston Bazille et Frédéric Cazalis purent voir,
dès le 24 août, noirs et pruinés, suspendus à mes
souches ; et cela dans une année où, dans la plupart
des vignobles du Midi, la maturation a été lente,
difficile et incomplète ; enfin, c'est le vin que je ré-
coltai, dont la qualité irréprochable fit exception
dans cette année 1871.

Il ne serait, je crois, pas exact de dire qu'une eau
surabondante n'est pas susceptible d'enlever au sol
une partie des matières utiles à la nutrition des
plantes : elle aurait probablement pour effet d'entraîner quelques sels solubles. Mais il ne faudrait
pas s'exagérer outre mesure le mal qui, de ce fait,
pourrait résulter pour la fertilité du sol ; car, si l'on
entrait trop avant dans cette théorie, comment

pourrait-on expliquer les cas très-fréquents de vignes qui, dans un grand nombre de pays, fournissent
de longues carrières sans jamais être secourues par
l'apport du moindre engrais? Ces vignes ont cependant été soumises, par le fait des pluies, à une lixi-
viation qui, renouvelée pendant une succession de
nombreuses années, a fini par acquérir une puissance
au moins égale à celle qui peut provenir d'irrigations
accidentelles, bien qu'excessivement copieuses. Le
pouvoir absorbant du sol, en défendant la richesse
d'un terrain, empêchera toujours que l'eau ne lui
enlève tous ses éléments de fertilité. Cependant il
est rationnel d'admettre qu'une terre perdra plutôt
qu'elle ne bénéficiera de son contact avec une eau
trop abondante, surtout si celle-ci, ne faisant que
traverser cette terre, emporte en se retirant quelques-uns de ses principes fertilisants.

Si mes vignes ont échappé à cet inconvénient, c'est
que les eaux avec lesquelles j'opère leur submersion,
une fois introduites dans mes terres, n'en sortent que
par évaporation et absorption. Les sels solubles de
mon terrain ne sont que déplacés. Retenus par l'argile, qui a la propriété de les absorber, de les emma-
gasiner, pourrais-je dire, s'ils font un peu défaut aux
couches supérieures du sol, ils seront plus abondants
dans les couches sous-jacentes, où les racines des
souches sauront aller les trouver.

Quelle conclusion peut-on tirer de tout cela? Je
crois qu'on peut en conclure que, si l'on avait à opé-

rer dans des vignes qui ne pourraient être endiguées et dans lesquelles on serait obligé de faire passer l'eau à la surface du terrain, ou si l'on avait à traiter un sol tellement perméable que l'eau, le traversant comme un crible, serait susceptible d'y causer un lavage épuisant (toutes conditions excessivement rares); je crois, dis-je, que les propriétaires de ces vignes devraient les fumer, en se servant de préférence d'engrais riches en sels solubles, en potasse surtout. Ces fumures compenseraient et au delà les pertes causées par le lavage du sol, et la dépense pécuniaire qu'elles occasionneraient serait largement payée par un accroissement de production. — Quant aux propriétaires qui, par des endiguements intelligemment établis, n'ont à redouter aucune perte dans la richesse de leur terrain, je les engagerai cependant aussi à fumer leurs vignes ; parce que, non-seulement ils se procureront par ce moyen une augmentation notable de produits nets, mais encore, en donnant une plus grande vigueur à leurs plantations, ils les préserveront de bien des accidents.

Je suis tellement pénétré de la vérité de ces faits, que, dès que j'ai été certain de la réussite de mon procédé, de l'efficacité de la submersion, je n'ai pas balancé à employer, en achat d'engrais, une partie du produit que mon vignoble m'a donné en 1871.

Partant du principe que les éléments les plus essentiels de la vigne, en dehors du carbonate de chaux qui est excessivement abondant dans nos terres, ont la potasse, a soude, la magnésie et divers phosphates, j'ai trouvé dans les mélanges que j'ai déjà employés avec succès en 1868 et 1869, et que j'ai indiqués dans plusieurs occasions, la composition la mieux appropriée à mon but. Je ne me sers plus aujourd'hui de ces engrais en vue de guérir mes vignes, mais je m'en sers pour obtenir de plus abondantes récoltes. Voici quels sont ces engrais, les doses auxquelles je les ai employés dès l'hiver dernier et leur prix de revient pour chaque hectare :

750 kil. engrais alcalin brut des salins de Berre, à 7 fr.. ..Fr.   52 50   ⎫
1500 kil. tourteaux de colza, à 16 fr. 240 » ⎬ 292 fr. 50

Dans ces prix sont comptés le transport de l'engrais et la main-d'œuvre.

La potasse, la soude et la magnésie, se trouvent dans l'engrais alcalin des salins du Midi ; les tourteaux de colza donnent les phosphates accompagnés d'une notable quantité d'azote.

Je n'ai plus à me préoccuper de l'efficacité de mes engrais ; leurs qualités me sont garanties par les résultats que j'en ai déjà obtenus. Leur coût modéré et leur emploi facile m'ont porté à leur donner la préférence sur tous ceux que j'ai essayés, et dont le nombre est grand. Enfin, je considère ces engrais comme le plus puissant auxiliaire du traitement par la submersion ; et une autre considération qui serait plus que suffisante pour les faire adopter, c'est qu'ils poussent la souche bien plus à la fructification qu'au bois.

Troisième point. —On se demandera si des submersions aussi copieuses et prolongées en hiver, si des froids rigoureux survenant pendant que les vignes sont couvertes d'eau, ne seraient pas susceptibles de porter atteinte à la santé des souches. Je me suis moi-même, pendant longtemps, posé cette question.

Des doutes à ce sujet n'ont plus aujourd'hui de raison d'être. Ils sont tombés devant une expérience de quatre ans; devant surtout les hivers exceptionnellement froids de 1870–1871 et 1871-1872, durant lesquels mon vignoble tout entier fut plusieurs fois et pendant de longs jours emprisonné sous la glace. Au reste, avant ces épreuves décisives, mes craintes avaient été dissipées par des renseignements précieux qui me furent fournis par M. L. de Ricard, propriétaire dans la riche plaine de Florensac, dont le vignoble, un des plus beaux de la contrée, est presque tous les ans, et souvent à plusieurs reprises dans la même année, inondé par les débordements de l'Hérault. Voici la copie textuelle des renseignements que M. L. de Ricard voulut bien me donner avec une exquise complaisance :

« Au mois de septembre, avant les vendanges,
» dans mes aramons presque mûrs, j'eus une fois la
» visite de l'Hérault : il limona mes raisins, *ne fit*

» *aucun mal à mes souches.* Fin septembre et en oc-
» tobre, une même année, il a envahi mes vignes
» trois fois ; a fini après, en continuant en novembre,
» par y séjourner en maître absolu pendant tout l'hi-
» ver : *aucun mal.* Qui sait même les parties basses
» et le nombre de souches qui, entièrement couvertes
» par l'eau jusqu'en avril, fin avril quelquefois, ont
» eu sur leur tête les glaces de l'hiver, *sans éprou-*
» *ver la moindre altération, la moindre diminution*
» *dans leurs récoltes ?* »

Les personnes qui connaissent la propriété de
M. de Ricard savent que ces renseignements sont
de la plus rigoureuse exactitude. Ils sont confirmés
par des faits identiques qui se sont produits dans
mon vignoble, où les parties les plus basses, dans
lesquelles les eaux s'accumulent pendant tout le
temps employé à mes inondations, ont non-seulement
séjourné sous l'eau pendant une période de près de
deux mois, mais encore, surprises par de fortes gelées, ont eu leurs souches au tronc, à la couronne
et jusqu'aux sarments, étreintes par une couche de
glace qui n'avait pas moins de 12 centimètres d'é-
paisseur, et sur laquelle mes neveux ont patiné pendant les vacances de Noël. Eh bien ! c'est dans ces
parties basses que l'amélioration s'est fait le plus
sentir, que la transformation a été le plus complète.
La longueur des sarments, qui, dans les années 1868
et 1869, était là de 10 à 20 centimètres, est aujour-
d'hui de 3 à 4 mètres.

Un fait très-intéressant à remarquer, c'est que mes vignes, qui, dans ces hivers rigoureux de 1870-1871 et 1871-1872, restèrent sous la glace pendant longtemps, n'éprouvèrent aucune altération de cet abaissement extraordinaire de température, tandis que d'autres furent, aux mêmes époques, cruellement maltraitées par le froid. La glace, qui semblait devoir être nuisible à mon vignoble, le protégea au contraire contre les rigueurs d'une température anormale dans nos pays, qui fit descendre le thermomètre jusqu'à 12 degrés au-dessous de zéro.

Je pourrais encore, pour prouver l'innocuité des inondations, citer les vignobles des bords du Rhône et d'autres cours d'eau, vignobles qui sont presque tous les ans noyés, et présentent cependant toujours une vigueur remarquable. Et, circonstance essentielle, des vignes n'ont été plantées dans ces situations exposées à des débordements périodiques que parce que d'autres cultures ne pouvaient y réussir.

Il n'y a donc rien à craindre pour la santé des vignes, rien absolument, d'une submersion très-prolongée, même si elle est surprise par des froids très-intenses, pourvu qu'elle ait lieu pendant le repos de la séve. Je n'oserais en dire autant d'une submersion qui se produirait dans les mois de juin, juillet et août, au plus fort de la végétation et des chaleurs.

Si l'on avait à opérer dans un sol très-perméable, se ressuyant dès qu'on cesserait d'y introduire de l'eau, on pourrait, sans crainte d'occasionner de gra-

ves désordres dans la végétation des vignes, pratiquer
en été de légères submersions de deux ou trois jours;
mais il n'en serait pas de même si l'on avait à traiter un terrain argileux et compacte, où les racines
des vignes restent plongées dans un milieu aqueux
plus ou moins de temps après que la submersion a
cessé

CHAPITRE V

Mon vignoble du Mas de Fabre, à Gravéson, qui,
je ne crains pas de le dire, était cité comme un des
mieux soignés et des plus beaux de la contrée, fut
attaqué en 1868, d'une manière presque foudroyante,
et fut maltraité plus qu'aucun autre.

Dès le mois de septembre de cette même année
1868, à la suite de nombreux essais faits dans le but
de trouver un moyen pour guérir mes vignes, je
reconnus que, par l'eau employée non comme arrosages, mais en véritables inondations, j'arriverais,
en noyant les insectes, à faire disparaître la cause
de la maladie, et probablement à sauver celles de mes
vignes qui ne se trouvaient pas encore dans un état

d'anéantissement complet. Malheureusement, je ne pouvais à cette époque disposer des eaux du canal des Alpines, qui passe près de ma propriété : une différence de niveau ne me permettait pas de les utiliser. Un barrage dans le lit du canal était nécessaire pour exhausser les eaux et les faire arriver sur mes terres. Cette difficulté ne put être vaincue qu'au printemps de 1870.

Mais, dès l'époque de mes premières études, j'avais deviné que les bonnes cultures et les engrais, en soutenant la végétation de la vigne, la feraient résister plus longtemps aux attaques du Phylloxera (folios 11 et 35 de ma première brochure).

Pendant deux longues années (1868, 1869), je n'ai donc pu me servir que de palliatifs pour lutter contre les étreintes du fléau ; et ce n'est qu'à force de soins et par l'application de quelques engrais que je parvins alors à préserver d'une mort certaine la majeure partie de mon vignoble, composé en totalité de jeunes plantiers âgés de deux à six ans, m'ayant produit, en 1867, 925 hectolitres de vin, et devant, en vue de son jeune âge, m'en produire 1,200 en 1868 et 1,500 en 1869 (ce qui est le terme ordinaire de la progression de production de nos jeunes vignes) : au lieu de ces quantités, auxquelles j'avais droit de m'attendre, il ne m'a donné que 40 hectolitres en 1868 et 35 hectolitres en 1869. J'avais récolté 3,000 fagots de sarment en 1867, j'en ai récolté 95 en 1868 et 83 en 1869.

Voilà dans quelle proportion effrayante s'est produite la décadence de mon vignoble ; je dirai plus loin celle dans laquelle s'est opérée sa résurrection.

Sur 24 hectares dont il se composait, 3 hectares étaient complétement morts et 21 se trouvaient dans un état désespéré, lorsque, en juillet 1868, je reçus la visite d'une Commission que les Sociétés d'agriculture de l'Hérault et de Vaucluse avaient chargée d'étudier la nouvelle maladie. Dans les rapports que chacune de ces deux Sociétés publia sur les résultats de la mission confiée à la Commission, voici le jugement qui fut porté sur l'état dans lequel mes vignes furent trouvées :

La Société de l'Hérault disait :

« A Gravéson, chez M. Faucon, le mal est déjà immense et a atteint des proportions désolantes. »

Celle de Vaucluse :

« Malgré les soins de culture que M. Faucon donne à ses vignes, la maladie a sévi dans son domaine d'une manière cruelle ; on ne peut même se défendre d'un profond sentiment de tristesse en voyant ce beau vignoble presque entièrement détruit. »

Enfin l'éminent Président de la Société centrale d'agriculture de l'Hérault, dans un très-intéressant article qu'il publiait au mois de décembre 1868, dans le *Messager agricole,* écrivait la phrase suivante :

« Je suis intimement convaincu que le seul moyen, pour M. Faucon, de rétablir ses vignes, sera de les replanter quand la cause du mal aura disparu. »

Eh bien ! ces vignes, qui, en juillet 1868, se trouvaient dans un si piteux état qu'elles étaient unanimement condamnées à une mort certaine, ces vignes qui ne produisaient plus ni bois, ni fruits, non-seulement ne sont pas mortes, mais même sont revenues à un état de santé et de production très-satisfaisant. Si on les compare aujourd'hui, elles qui furent des premières attaquées par la maladie et si cruellement frappées ; si on les compare, dis-je, avec les vignes de mes voisins et celles de tout le territoire de la commune de Gravéson, on est saisi d'étonnement en voyant celles-ci *toutes mortes* et les miennes seules *dans l'état le plus florissant ;* et cependant elles n'ont reçu d'autre traitement que celui de la *submersion hivernale, complète et prolongée.*

Les attestations que j'ai produites sont suffisantes, je crois, pour établir l'état d'affaiblissement extraordinaire dans lequel mon vignoble avait été amené par la maladie. — Quelques citations, puisées à des sources publiques et authentiques, prouveront l'amélioration qui s'est opérée en lui, par l'effet de la submersion, dès la première année du traitement en 1870, et son rétablissement complet en 1872. — Quant à sa position actuelle, elle pourrait se passer de certificat ; elle est visible, évidente, palpable. Par sa luxuriante végétation au milieu de vignes mortes et desséchées, dans un rayon de plus de 10 kilomètres, mon vignoble peut être comparé à l'oasis au milieu du désert.

Voici ces citations :

M. le professeur Planchon, dans un rapport sur la maladie du Phylloxera et un résumé d'études faites sous les auspices du Conseil général de Vaucluse, publiés dans le *Bulletin de la Société d'agriculture de Vaucluse*, livraison d'août 1870, s'exprimait ainsi :

« Le procédé de la submersion totale et prolongée pendant l'hiver a été surtout mis en pratique, sur une très-vaste échelle, au prix de travaux et de dépenses considérables, par M. Faucon, à Gravéson. Dans toutes les parties du vaste vignoble de M. Faucon où le niveau du sol a permis la submersion totale et le séjour de l'eau surnageant pendant des périodes de quinze jours à un mois, la végétation a manifestement repris de la vigueur, même sur des vignes presque mourantes auparavant. La grosseur des nouveaux sarments (de l'année 1870) par rapport aux pousses chétives du bois de l'année d'avant, la couleur verte des pampres, le contraste de l'ensemble de ces vignes, en voie de *résurrection,* avec les vignes mourantes des propriétaires voisins, tout annonce les effets vraiment favorables de ce traitement. »

La *Société d'agriculture de l'Aude,* en parlant de mon vignoble dans un compte rendu qui a été inséré au journal de ladite Société, du mois de mai 1871, dit :

« M. Faucon a traité ses vignes par la submersion; sa réussite a été complète. La Commission, après mûr examen, put constater que la taille du vieux bois de l'année dernière ne dépassait pas en grosseur le volume d'un crayon ordinaire, tandis que les nouvelles pousses, au 17 juillet 1870, présentaient des sarments d'une longueur de 1^m,50 et de 0^m,05 de circonférence. Il fut évident pour nous que les vignes de M. Faucon, de malades qu'elles avaient été l'année précédente et comparées aux voisines non submergées, revenaient à l'état de santé. »

Le 24 août 1871, j'ai reçu la visite de MM. Gaston Bazille et le docteur Frédéric Cazalis, deux bons juges! certes, en matière de viticulture; voici comment ces Messieurs ont rendu, dans le *Messager agricole* du 10 septembre 1871, l'impression qu'ils éprouvèrent en voyant mes vignes:

« Nous avons constaté nous-mêmes que les vignes du Mas de Fabre, qui ont été inondées par M. Louis Faucon, l'automne et l'hiver derniers, sont en ce moment débarrassées du Phylloxera, si l'on en juge du moins par l'apparence de la végétation et de la récolte. Un fait certain, c'est que les vignes de M. Faucon ont été, dans le principe, aussi gravement atteintes que les autres vignes du territoire de Graveson, et aujourd'hui ce sont les seules qui ne soient pas mortes ou mourantes. L'efficacité des inondations ne saurait être sérieusement contestée en présence d'un tel résultat. »

Enfin le savant professeur de Montpellier, M. Planchon, dont j'aime à citer l'opinion, parce que ses appréciations, consciencieuses et raisonnées, ont une grande valeur, dans une lettre qu'il m'adressait le 1er novembre 1871, et qui a été publiée dans le *Messager du Midi* du 13 du même mois, me disait :

« Les submersions prolongées de vignobles *très-compromis* ont donné chez vous des résultats incontestables, aboutissant à une sorte de *résurrection* des vignes. On pourra les appliquer partout où les circonstances le permettront. »

Ces témoignages de satisfaction ne sont pas les seuls ni les plus significatifs qui m'aient été donnés : je les ai cités et j'y tiens beaucoup, parce que ce sont les premiers que j'ai reçus et qu'ils marquent, pour ainsi dire, les étapes de l'amélioration de mon vignoble. Ceux qui m'ont été adressés depuis lors, et surtout dans le courant des années 1872 et 1873, sont trop nombreux pour être reproduits ici, et même pour être tout simplement indiqués. J'en signalerai seulement trois : 1° l'article publié par M. le Président de la Société d'agriculture de l'Hérault, dans le *Messager du Midi,* numéro du 9 septembre 1872 ; — 2° le rapport de la Commission nommée par la Société d'agriculture de Vaucluse, pour venir visiter mon vignoble et constater les résultats que j'ai obtenus, rapport inséré au bulletin de septembre de ladite Société ; — 3° les renseignements donnés par M. Gaston Bazille à la Société d'agriculture de l'Hérault, dans l'importante séance du 23 septembre dernier, à laquelle assistaient M. le baron de Larcy et plusieurs députés de l'Hérault.

Les deux premières de ces pièces ont été reproduites *in extenso* dans ma brochure intitulée : *le Phylloxera, ses modes de propagation : guérison des vignes.* Et voici de quelle manière s'est exprimé M. Gaston Bazille, d'après le compte rendu de ladite séance du 23 septembre :

« M. Bazille expose qu'en 1868 et 1869, plusieurs
» membres de la Société ont vu les vignes de
» M. Faucon dans un état presque désespéré : il n'y
» avait presque plus de végétation, presque plus de
» récolte ; les sarments n'avaient plus que 12 à
» 15 centimètres de longueur. En quelques années, la
» submersion annuelle pratiquée par le propriétaire
» a amené une telle amélioration dans leur état,
» qu'en 1872 il a pu cueillir et apporter à Mont-
» pellier des sarments de 3 à 4 mètres de longueur,
» et que cette année, non-seulement la récolte de
» M. Faucon est presque redevenue ce qu'elle était
» avant la maladie, mais qu'encore, lors de la visite
» toute récente que la Commission départementale
» de l'Hérault a faite à son vignoble, il a été impos-
» sible d'y découvrir un seul Phylloxera. M. Bazille
» pense qu'en présence d'un pareil exemple, toute
» personne ayant un cours d'eau suffisant à sa dispo-
» sition, et se trouvant atteinte par le Phylloxera,
» est en mesure de se préserver de ses ravages. »

Les attestations que j'ai présentées, provenant de

diverses Sociétés d'agriculture et de viticulteurs des plus éminents de notre région méridionale, prouvent jusqu'à l'évidence, et l'état d'anéantissement presque complet dans lequel étaient tombées mes vignes, et leur rétablissement inespéré. Quelques détails sur la manière dont ces transformations se sont opérées, quoique n'ajoutant rien à la valeur des témoignages cités, présenteront un certain intérêt au point de vue de l'étude de la maladie du Phylloxera. C'est à ce titre que je vais y consacrer quelques lignes.

Quand j'ai dit que toutes mes vignes avaient été atteintes par le terrible fléau, il ne faut pas croire qu'elles l'aient été légèrement. Sur vingt-quatre hectares dont se composait mon vignoble du Mas de Fabre, trois hectares seulement paraissaient, en 1868, avoir été préservés ; mais, comme l'insecte destructeur les avait déjà envahis dès cette époque, ces trois hectares arrivèrent, en 1869, aux dernières limites de l'épuisement. Ainsi donc, toutes mes vignes, à l'exception d'un demi-hectare situé sur un terrain sableux et chargé de sel, à la dose de 1 pour 100, ont subi les étreintes de la maladie. Lorsque, au printemps de 1870, j'appliquai pour la première fois le traitement de la submersion à mon vignoble, il est très-important de ne pas perdre de vue que, sur cent mille souches que j'avais à traiter, il n'y en avait pas une qui ne fût atteinte mortellement ; que les moins maltraitées étaient arrivées à ne produire sur chacun de leurs coursons qu'un ou deux pampres,

sans raisins et longs tout au plus de 25 à 30 centimètres; que la plupart n'avaient émis que de grêles
rameaux plus petits encore; qu'un très-grand nombre avaient déjà perdu plusieurs bras, dont le bois
sec et fendillé pouvait faire croire à un effet du froid;
et enfin, qu'à beaucoup de ces souches il ne restait
qu'un seul et unique courson, aux trois quarts mort
et n'ayant donné naissance qu'à un soupçon de bourgeon, armé de trois à quatre feuilles de la dimension
d'une pièce de 1 à 2 fr.: voilà l'état dans lequel
étaient les malades dont j'ai entrepris la guérison.
Eh bien! des quatre catégories dont je viens d'es-
quisser le tableau, aucune n'a résisté aux influences
bienfaisantes du traitement. Les souches de la première et de la seconde catégorie sont revenues à une
vigueur égale à celle qu'elles avaient avant la maladie; celles de la troisième sont rétablies; celles de la
quatrième même sont en pleine convalescence; mais
elles sont parties de si bas qu'il leur faudra encore
quelque temps pour surmonter les obstacles de toute
sorte qui s'opposent à leur reconstitution complète.
— Il est facile de comprendre les difficultés que ces
pauvres misérables souches ont éprouvées pour revenir à la santé. Leur système radiculaire était entièrement détruit, et leurs organes extérieurs ne
fonctionnaient plus. Pour se soutenir, elles ont dû
émettre des racines de leur collet et projeter leur séve
à travers un tronc presque desséché. Le retour de ces
souches à la vie est une grande preuve de l'incom-

parable rusticité de la vigne. Il est incontestable qu'au lieu de chercher à ressusciter ces moribonds, il aurait mieux valu les arracher et les remplacer par de nouveaux sujets. J'ai réussi, il est vrai, mais j'aurais perdu moins de temps si j'avais arraché et replanté. J'espère cependant que mon expérience n'aura pas été inutile et qu'elle me donnera plus d'autorité pour faire accepter les conseils que je ne cesse de donner aux nombreux propriétaires qui ont de l'eau à portée de leurs vignobles, et qui sont menacés dans un avenir très-prochain, à ceux de l'Hérault surtout; conseils que, dans un travail publié le 10 août 1871, dans le *Messager agricole,* je résumais ainsi:

« Ne perdez pas un instant pour mettre à profit le moyen de défense sûr et peu dispendieux que vous avez à votre disposition; dès à présent, mettez la main à l'œuvre pour être en mesure de soumettre vos vignes au traitement de la submersion aussitôt que ce sera nécessaire; n'attendez pas de voir sur vos souches les premiers signes extérieurs de la maladie pour leur appliquer ce traitement, afin de ne pas avoir d'interruption dans vos récoltes, ce qui vous arriverait forcément si, au lieu d'avoir à préserver vos vignes de la maladie, vous aviez à les guérir. Si vous avez de nouvelles plantations à faire, ne balancez pas à les mettre dans des lieux accessibles à l'eau et à les inonder tous les ans, pendant trente jours consécutifs, à partir du moment où la végétation s'arrête. Ne craignez rien d'un pareil traitement pour la santé de vos plantations jeunes ou anciennes ; et si, à ce sujet, vous avez le moindre doute, voyez de quelle manière se comportent les vignes qui, situées sur le bord des rivières, sont souvent inondées dans la saison pluviale. Il y en a sur les rives de l'Hé-rault, dans la plaine de Florensac surtout, qui, bien que passant sous l'eau une grande partie de l'hiver, presque tous les ans, ont cependant une remarquable vigueur et produisent des récoltes d'une abondance exceptionnelle. »

La maladie du Phylloxera ne se manifeste pas toujours par le jaunissement des feuilles, comme on l'a généralement supposé ; car non-seulement ce jaunissement est dû quelquefois à d'autres causes, mais encore il arrive très-souvent que des souches, atteintes mortellement du terrible mal, conservent une coloration verte sur leur feuillage. Les signes les plus caractériques de la maladie sont l'émoussement prématuré du bourgeon terminal, un arrêt complet dans l'allongement des sarments, la dimension exiguë des feuilles et la maturation difficile et incomplète des raisins. Dès qu'on voit un de ces signes se manifester dans un vignoble, il faut sonder le terrain et examiner les racines ; cet examen est encore le moyen le plus certain et le seul infaillible pour s'assurer de la présence de l'ennemi, et, si l'on découvre des pucerons, on doit, sans retard, recourir à des mesures efficaces pour s'en débarrasser radicalement.

En 1870 et 1871, lorsque mes vignes revenaient
à la vie, on s'étonnait de ne pas voir un plus grand
nombre de raisins sur mes souches, une quantité de
fruits plus en rapport avec la vigueur de la plante.
Cette circonstance m'a certainement préoccupé, mais
elle ne m'a jamais causé une inquiétude sérieuse.
Ce que d'autres attribuaient au régime auquel mes
vignes étaient soumises, moi, je l'attribuais : 1° à la
taille courte, exagérément courte, que j'avais pratiquée dans ces deux années, dans le but de ne pas fatiguer mes souches convalescentes par une production intempestive et de les pousser plutôt au bois
qu'au fruit ; 2° à l'état de faiblesse dans lequel étaient
tombées mes vignes, lorsque j'entrepris leur guérison ;
faiblesse provenant uniquement de la désorganisa-
tion du système radiculaire et ne pouvant disparaître
qu'après la formation de nouvelles racines et leur
mise en rapport avec les organes extérieurs, évolution qui demande un temps assez long pour s'opérer.

De ces diverses questions, examinées et étudiées
depuis longtemps dans mon vignoble, je déduisis, dès
le 15 juin 1871, dans des notes qui furent insérées
au *Messager agricole* du 10 août, les conclusions suivantes :

« 1° Une vigne peut toujours être ramenée à la vie
et à la vigueur, n'importe l'état de dépérissement auquel elle serait arrivée, si on la traite par la submersion hivernale ; mais le rétablissement sera d'autant

plus prompt que le remède aura e… … … appliqué plus tôt. … degré

» 2° Quand une vigne est arrivée à un d'épuisement très-avancé, au lieu de chercher à la guérir, il vaudrait mieux l'arracher et replanter. La nouvelle plantation, dans laquelle il serait facile, au moyen de la submersion, de ne plus laisser arriver d'insectes, pousserait comme d'habitude.

» 3° La fructification, insignifiante dans les parties de mes vignes qui, horriblement maltraitées en 1868 et 1869, n'avaient commencé à revenir à la vie que depuis qu'elles avaient été soumises au traitement de la submersion ; la fructification, dis-je, était dès 1871 plus marquée, assez importante même, dans les parties où le traitement avait été appliqué avant que les souches ne fussent réduites au dernier degré de l'épuisement.

» 4° De même qu'un plantier ne commence à porter des fruits qu'à sa troisième année, bien que souvent, dès la seconde, il fasse beaucoup de bois ; de même une vigne épuisée par la maladie, ne possédant plus une seule racine en bon état, a besoin de trois ans pour reconstituer ses éléments de fécondité, c'est-à-dire l'équilibre qui, pour la production du fruit, est nécessaire entre ses organes souterrains et ses organes aériens. »

Les faits sont venus confirmer complétement mes prévisions, ainsi que le prouvent les quelques chiffres que voici et que je recommande à l'attention du lecteur :

J'ai récolté dans mon vignoble du Mas de Fabre :

		heot. de vin
En 1867, année d'avant l'invasion du Phylloxera.....		925
En 1868, 1re année de l'invas., vignes fumées non submergées.		40
—	—	35
En 1869, ~ submersion, sans engrais.....		120
En 1870, 1re année de ...	—	450
En 1871, 2e —	—	
En 1872, 3e —	avec engrais.....	84b
En 1873, 4e —	—	736

Dans cette dernière année, ma production aurait été de plus de 1,000 hectolitres, si les gelées meurtrières du mois d'avril ne m'en avaient enlevé au moins trois cents, car mes vignes sont incontestablement plus belles qu'elles ne l'étaient en 1872; mais on comprendra facilement que mes submersions ne m'ont pas préservé des gelées, qui ont été cette année si funestes à tous les vignobles de France.

Après avoir réfuté les arguments avec lesquels on a combattu le procédé de la submersion pour guérir les vignes atteintes de la maladie du Phylloxera, après avoir prouvé par des faits que ce procédé est efficace et pratique, je vais clore cette étude par les instructions nécessaires à la mise en œuvre de mon moyen de guérison. Le tableau relatif au coût de l'opération, par lequel se termine ce travail, établira, par des chiffres irréfutables, que le procédé est aussi éminemment *peu dispendieux*.

CHAPITRE VI

INDICATIONS PRATIQUES POUR L'APPLICATION
DE LA SUBMERSION
DES VIGNES ATTEINTES DU PHYLLOXERA

—

§ Ier. — CONSIDÉRATIONS GÉNÉRALES

Une vigne résiste plus ou moins aux atteintes de
l'insecte destructeur. Généralement, elle ne donne
pas de signes extérieurs d'affaiblissement la première
année de son invasion, surtout si elle est plantée
dans un terrain substantiel. — Les pluies d'automne
et d'hiver la débarrassent ordinairement du plus
grand nombre de ses ennemis, et, au printemps
d'après, elle commence à pousser comme d'habitude
et semble devoir fournir une végétation normale ;

mais, comme elle a encore sur ses racines quelques pucerons échappés aux intempéries de la saison pluvieuse, ceux-ci, par leur multiplication prodigieuse, mettront son existence en grand péril et finiront par la tuer. — La marche de la maladie sera momentanément entravée, si des causes climatériques font périr un grand nombre de Phylloxeras; elle sera plus rapide si, par l'absence de ces causes, des quantités plus considérables d'insectes ont survécu. — Le caractère foudroyant des ravages de l'année 1868, dans Vaucluse et les Bouches-du-Rhône, ne doit être attribué qu'à la sécheresse exceptionnelle de l'hiver de 1867-1868, sécheresse qui a permis aux innombrables colonies de jeunes Phylloxeras écloses en octobre 1867 d'arriver toutes formées au printemps de 1868, et de recommencer leur œuvre de destruction dans les conditions les plus redoutables. Le ralentissement relatif de la marche du fléau depuis trois ans ne peut être expliqué que par les froids excessifs et la grande humidité des automnes et des hivers de 1870 et 1871 et les masses d'eau tombées à la fin de 1872.

Ceci dit, résumons quelques faits parfaitement constatés et acquis à l'expérience :

1° Les Phylloxeras commencent à pondre dès la seconde quinzaine du mois d'avril, et leur multiplication continue, dans une progression toujours croissante, jusqu'à la fin du mois d'octobre. — En avril, mai et juin, le mal qu'ils causent n'est pas considérable; mais le dommage s'accentue à mesure qu'ils augmentent en nombre, en juillet et en août; enfin, en septembre et octobre, leur multiplication a pris de telles proportions que, quelquefois, ils couvrent complétement toutes les racines des souches; c'est l'époque où ils commettent le plus de ravages. Les cas constatés de vignes ayant végété d'une manière presque normale, dont les fruits sont arrivés à parfaite maturité, et qui ont été trouvées à moitié mortes lorsqu'on est venu pour les tailler, ne peuvent s'expliquer que par ces innombrables bouches qui, toutes occupées à sucer la séve, n'ont plus permis à la pauvre plante de se nourrir. — Il est donc de la plus haute importance de débarrasser le plus tôt possible les souches de leur redoutable ennemi.

2° Les pluies les plus copieuses de l'automne et de l'hiver, les froids les plus intenses, bien qu'ils fassent périr de grandes quantités du terrible insecte, sont impuissants pour en délivrer complétement nos vignobles.

3° En hiver, lorsque les Phylloxeras se trouvent dans la période de leur engourdissement, ces insectes résistent longtemps à une immersion complète. Leur séjour sous l'eau, à cette époque, a besoin d'une durée d'au moins quarante à quarante-cinq jours consécutifs, pour qu'ils meurent tous.

4° Pendant tout le temps de leur vie active, du 15 avril au 15 octobre, une submersion d'une durée moindre est suffisante pour les tuer.

5° Dans nos contrées méridionales, en hiver et pendant tout le temps du repos de la séve, l'eau la plus abondante, surprise même par les froids les plus rigoureux, gelée ou non, ne fait aucun mal à la souche. — Ceci, quoique quelques théoriciens viennent le contester aujourd'hui, est un fait acquis depuis un temps immémorial, à part toutefois quelques circonstances rares et exceptionnelles. En effet, qui ne sait que la vigne est quelquefois plantée et réussit dans des situations où une surabondance d'humidité rend toute autre culture très-risquée et même impossible?

6° Une expérience faite sur une de mes vignes m'a prouvé que la submersion peut se pratiquer, sans danger pour la santé des souches, dès que les rayons solaires ont perdu de leur force et que le mouvement de la séve a commencé à se ralentir. La vigne sur laquelle a porté l'expérience a été tenue sous l'eau depuis le 8 septembre jusqu'au 7 octobre 1871, sans que, depuis lors, le moindre désordre se soit manifesté dans sa végétation. — J'attache une très-grande importance au résultat de cette expérience, parce qu'il permet d'attaquer l'insecte destructeur de suite après les vendanges, lorsqu'il fait le plus de mal, et dans un moment où sa destruction est bien plus facile qu'en hiver.

J'ai même des raisons très-fondées pour croire qu'à ce moment de l'année (courant de septembre) le Phylloxera périt après une submersion de vingt à vingt-cinq jours, moindre peut-être. Ce serait là un point très-considérable, sur lequel des expériences futures me fixeront, je l'espère. L'opération étant terminée de bonne heure, l'inconvénient des cultures tardives aurait disparu.

7° En été, à l'époque des fortes chaleurs, une inondation un peu trop prolongée et dont la durée dépasserait deux à trois jours, surtout si l'on opère sur une jeune plantation, dans un sol peu perméable et mal nivelé, porterait atteinte à la santé de la vigne et serait même susceptible de tuer les souches que l'eau couvrirait en entier.

8° Dans le vignoble le plus complétement purgé de Phylloxeras, par une submersion suffisamment prolongée en automne ou en hiver, il reviendra quelques pucerons pendant l'été, tant que l'épidémie régnera dans la région. Le nombre restreint de ces insectes et le temps limité de leurs attaques n'empêcheront pas la fructification, une maturation normale des raisins et des récoltes abondantes ; mais, si leur séjour sur les racines était trop prolongé, ils pourraient porter atteinte à la vigueur des souches et compromettre la récolte de l'année suivante.

9° Les inondations d'été, ne pouvant être prolongées au delà de quelques jours sans exposer les vignes à de graves accidents, et, par le fait de leur courte durée, ne pouvant pénétrer le terrain qu'à une profondeur peu considérable, seraient impuissantes contre les insectes des couches inférieures du sol, dans lesquelles sont établies les principales racines des vignes;

mais ces inondations atteindront les pucerons nouveau-venus, qui ne sont encore arrivés qu'aux racines superficielles et se sont même, le plus souvent, fixés sur le collet des souches.

Ainsi, anéantissement de tous les Phylloxeras, à quelque profondeur qu'ils se trouvent, par la submersion prolongée en automne ou en hiver, et asphyxie, par les arrosements copieux, mais de courte durée, faits en été, des pucerons nouvellement revenus : la submersion d'hiver, indispensable pour la réussite de l'opération et suffisante pour assurer la récolte ; — les arrosages d'été, impuissants pour guérir, s'ils sont employés seuls, mais d'un bon secours auxiliaire, s'ils sont pratiqués en sus de l'inondation faite en hiver ou en automne.

On s'est préoccupé, avec beaucoup de raison, de l'époque qui serait la plus convenable à l'application de mon procédé.

Ce point de la question a réellement une très-grande importance. Il a été pendant longtemps l'objet de mes études ; et, après lui avoir consacré de très-nombreuses expériences, voici les conclusions auxquelles je me suis arrêté :

S'il était possible, sans de graves inconvénients, d'attaquer les Phylloxeras au moment précis du terme de l'hibernation, de suite après la première mue printanière, lorsqu'ils sont dépouillés de leur enveloppe protectrice, qu'ils sont tous jeunes, que tous les œufs de l'année précédente sont éclos ou détruits et les nouveaux œufs non encore pondus, conditions dans lesquelles les Phylloxeras résistent très-peu de temps à l'immersion, ce moment serait certainement le plus favorable à leur complète destruction ; mais plusieurs motifs s'opposent à l'application du traitement à cette époque et en contrarient la réussite. D'abord, tous les insectes ne sortent pas en même temps de leur sommeil hivernal : j'en ai vu qui commençaient à s'éveiller dès le 1ᵉʳ avril et d'autres qui étaient encore dans un complet engourdissement vingt jours plus tard, alors que déjà les premiers revenus à la vie avaient grossi, s'étaient de nouveau revêtus d'une peau résistante et avaient pondu. — Il y a là un cercle duquel il est difficile de sortir. Si l'on pratique la submersion dès qu'un certain nombre d'insectes ont passé de la léthargie à la vie active, on aura facilement raison de ceux-ci ; mais, par le fait même de l'opération, la transformation de ceux qui sont encore engourdis sera retardée, et leur destruction exigera une immersion plus prolongée, aussi prolongée probablement qu'en hiver. — Si, pour opérer, on attend que la cessation de la vie latente se soit produite chez tous les Phylloxeras, on se trouvera en présence d'insectes de tous âges, de toutes conditions (jeunes, adultes, mous, résistants) et d'un nombre considérable d'œufs, et on se heurtera contre des difficultés qu'on avait cru éviter en opérant à cette époque. — Et puis, de ce que l'insecte nouveau-né résiste peu à l'immersion, il y aurait erreur de croire, même dans le cas où tous les Phylloxeras pourraient être attaqués en même temps dans la période de leur plus grande faiblesse, qu'une submersion de courte durée serait suffisante pour les faire périr tous. D'abord, si l'on a à traiter un vignoble de quelque étendue, plusieurs jours sont nécessaires pour que l'eau soit amenée dans toutes les parties de ce vignoble. Ensuite il faudrait toujours attendre que l'eau eût pénétré jusqu'aux racines les plus profondes ; et, pour peu que le terrain soit de nature argileuse et compacte, nous savons combien est difficile et lente cette pénétration. Si tous ces inconvénients n'existaient pas, il en est un autre d'une importance telle que, serait-il seul, il s'opposerait radicalement à l'application de la submersion des vignes au printemps : c'est le mal qu'une eau surnageante, telle qu'il la faut pour tuer le Phylloxera, ferait éprouver aux vignes à cette époque. Le réveil de l'insecte coïncide avec celui de la végétation ; c'est le moment où la vie des plantes, pour se manifester au dehors, a besoin, non-seulement d'une certaine dose de chaleur, mais aussi de l'action que les agents atmosphériques impriment aux racines. Priver la vigne de ces auxiliaires indispensables serait l'exposer à de grands désordres, auxquels elle ne résisterait pas longtemps. —Enfin, si l'on tient compte aussi des difficultés très-sérieuses que les submersions faites au printemps occasionneraient aux cultures générales, taille, apports d'engrais, labours, on est forcé de renoncer à

l'application de ce mode de traitement à cette époque
de l'année.

En été, à l'époque de la grande multiplication du
Phylloxera et au moment où, de l'aveu de tous les
expérimentateurs, il résiste le moins à l'immersion,
la submersion des vignes pourrait donner des résultats
positifs au point de vue de la destruction de l'insecte;
mais l'opération pratiquée alors présente des inconvénients non moins graves qu'au printemps. —
D'abord, si l'argument le plus général qu'on oppose
au traitement de la submersion (son application restreinte) n'a une valeur réelle que pour les situations
élevées, il aurait bien plus de force si la submersion
devait se faire en été, puisque alors le traitement ne
serait possible que dans des cas véritablement exceptionnels; car il y a beaucoup de pays qui ont de
l'eau en abondance en hiver et qui en manquent to-
talement en été. — Ensuite, s'il est prouvé et admis
que de considérables masses d'eau répandues sur de
grandes surfaces ne sont pas susceptibles de porter
la moindre atteinte à la salubrité publique en hiver,
il n'en serait pas de même en été. La submersion
des vignes, pratiquée sur une vaste échelle, nécessitant une eau stagnante, s'étendant, dans certaines
localités, à des milliers d'hectares et formant de véritables étangs, pourrait devenir une cause d'insalu-
brité pendant la saison chaude.—Enfin, l'expérience
a démontré qu'à l'époque des chaleurs, la vigne ne
peut pas impunément rester sous l'eau un temps un

peu trop prolongé, et qu'elle est tuée par une immersion très-insuffisante pour faire périr le Phylloxera.

Les graves inconvénients que je viens de signaler ne permettant pas de pratiquer la submersion des vignes au printemps et en été, il faudra nécessairement en reporter la mise en œuvre à l'automne ou à l'hiver, époques les plus convenables à l'application du procédé et les plus favorables à sa complète réussite, *si l'on suit à la lettre toutes les prescriptions que j'ai déjà indiquées et que je renouvelle dans la présente notice.*

§ II. — INDICATIONS PRATIQUES

Ces points établis, voici comment il convient de mettre en pratique le procédé de la submersion pour guérir les vignes atteintes par le Phylloxera :

Il faut d'abord disposer ces vignes de manière qu'elles puissent retenir l'eau nécessaire à leur traitement, ce qui s'obtient au moyen de bourrelets plus ou moins espacés et résistants, plus ou moins rares et légers, suivant que le terrain sur lequel on doit opérer est plus ou moins en pente ou nivelé.

En faisant ce travail d'endiguements, on aura

grand soin d'éviter qu'aucune souche ne se trouve emprisonnée dans la terre des bourrelets, et même ne reste dans une situation trop rapprochée de ceux-ci. Les racines de ces souches ne manqueraient pas de s'étendre dans la terre même des digues, à la partie supérieure de celles-ci, et, se trouvant là hors de l'atteinte de l'eau de submersion, serviraient de refuge à de nombreux Phylloxeras qui, dès le printemps et pendant tout le temps des chaleurs, se propageraient dans la vigne et en compromettraient de nouveau l'existence. A ce manque de précautions doivent être attribués *les insuccès de quelques expérimentateurs*. Il faut donc savoir faire le sacrifice de ces souches et les arracher impitoyablement.

Si l'on fait une plantation nouvelle en vue de la soumettre au traitement de la submersion, une excellente précaution sera de niveler préalablement le terrain, ou du moins de faire disparaître les *bas-fonds* qui y existeraient; parce que, dans ces bas-fonds, de jeunes souches pourraient être couvertes en totalité par la submersion et en souffrir; puis, gardant l'eau trop longtemps, ils seraient un empêchement aux arrosages d'été, qui, dans notre région méridionale, sont souvent utiles, surtout à de jeunes vignes.

Dans le cas de nouvelles plantations à faire, il sera très-important de considérer si le terrain qu'on va planter a déjà été occupé par une vigne que le Phylloxera aurait tuée. —Tout le monde sait que les racines des souches, les grosses surtout, peuvent rester pendant un temps assez long enfouies dans la terre sans pourrir complétement; mais ce qui est généralement ignoré, c'est que sur ces racines le Phylloxera peut vivre durant plusieurs années. — J'ai extrait de terre, en septembre 1873, des racines provenant de souches que j'avais fait arracher au mois de novembre 1870, qui n'étaient qu'en partie décomposées et sur lesquelles il y avait encore un nombre assez grand de Phylloxeras.

Donc, si l'on a à planter un terrain qui ait été précédemment occupé par une vigne phylloxérée, il est de toute nécessité de purger préalablement et complétement ce terrain des pucerons qu'il pourrait contenir encore. — On arrivera facilement à ce résultat par une submersion du sol avant la plantation, submersion qu'il n'y aura aucun inconvénient de prolonger pendant deux mois.

Si l'on opère sur une terre qui n'ait jamais porté de vignes, il est facile de comprendre que la submersion préalable n'est pas nécessaire.

Dans l'un et l'autre cas, on devra se mettre *de suite* en mesure de pouvoir pratiquer la submersion dès que ce sera nécessaire, tout en apportant une grande prudence dans l'application qui en serait faite sur un jeune et faible plantier, à cause du dommage que serait susceptible de causer à celui-ci une eau qui couvrirait complétement tous ses organes respiratoires. — Je pense même qu'on pourrait ne recourir au traitement qu'au premier, ou peut-être au deuxième hiver qui suivrait la plantation ; mais il faudrait toujours surveiller avec le plus grand soin la marche de l'insecte destructeur, et, dès les plus faibles indices de son invasion, pratiquer, dans les premiers jours de l'automne et sans la moindre hésitation, nne submersion aussi complète que celle que j'indiquerai bientôt pour les vignes ordinaires.

Généralement, un plantier établi dans une terre exempte de Phylloxeras n'est attaqué qu'à sa seconde ou à sa troisième feuille, quelquefois même qu'à sa quatrième. Mais il ne faut pas trop compter sur l'infaillibilité de cette règle, qui est loin d'être invariable. — Il est plus prudent, il est plus sûr de faire bonne garde et d'être toujours prêt à combattre l'ennemi dès qu'il fait son apparition.

Dans les nouvelles plantations, y a-t-il à se préoccuper d'un choix de cépages à faire pour donner la préférence à des variétés qui résisteraient mieux que d'autres à une submersion prolongée en automne ou en hiver ? — Voilà une question à laquelle il m'est impossible de répondre d'une manière générale. — Mon vignoble, lorsqu'il fut envahi par la maladie nouvelle, ne se trouvant composé que de quatre variétés de vignes, mes observations n'ont pu porter que sur un petit nombre de plants ; ce sont : le *Grenache*, le *Moustardié*, l'*Espar* et la *Clairette*. J'ai constaté que le *Grenache*, qui est le cépage que le Phylloxera attaque de préférence, est aussi celui qu'une eau surabondante pourrait fatiguer, même pendant le temps du repos de la végétation. Le *Moustardié*, l'*Espar* et la *Clairette*, ne souffrent nullement de la présence de l'eau à cette époque. — Il existe certainement plusieurs autres cépages qui doivent jouir de la même immunité; mais, ne les ayant pas expérimentés et de grandes divergences d'opinion existant à ce sujet, je ne puis qu'engager les propriétaires qui auraient des plantations à faire, dans le but de les soumettre au traitement de la submersion, à donner la préférence aux cépages qui, dans leur régions, sont reconnus comme résistant le plus à l'humidité.

De suite après les vendanges, du 15 au 30 septembre, et avant tout commencement de taille, il faut inonder les vignes assez complétement pour que la terre soit couverte partout. Une couche d'eau de quelques centimètres d'épaisseur serait suffisante, si l'on avait à opérer sur un terrain parfaitement nivelé, et il faut éviter, autant que possible, qu'elle dépasse la couronne des souches. Cette submersion doit être complète, non interrompue, et durer pendant une période de trente jours en automne, ou de quarante-cinq jours si l'on ne peut la pratiquer qu'en hiver.

Voici quelques données relatives à la quantité d'eau qui est nécessaire à la submersion des vignes.

Une prise d'eau de 10 litres à la seconde donne à l'heure 36,000 litres, ou 36 mètres cubes; elle donnera en vingt-quatre heures 864 mètres cubes, quantité qui, répandue sur un hectare de terrain de 10,000 mètres de superficie, donne une épaisseur d'eau de $0^m,0864$.

Cette première couche d'eau est généralement absorbée par la terre, si l'on opère en temps de sécheresse ; et, par conséquent, si l'on veut avoir une eau surnageante de l'épaisseur de $0^m,0864$ pour un hectare de terrain, il faut, pendant chacun des deux premiers jours de l'opération, amener sur cet hectare ladite quantité de 10 litres à la seconde.

Si l'on a à traiter une vigne plantée dans un sol de perméabilité moyenne, comme l'est celui de ma propriété du Mas de Fabre, une fois que le terrain est couvert d'une couche suffisante d'eau, l'absorption et l'évaporation, en automne, sont environ du vingtième de l'eau employée pour la première submersion ; c'est-à-dire que, si l'on a eu besoin de 10 litres par seconde pour cette première submersion, un demi-litre à la seconde sera suffisant pour l'entretenir au même niveau.

Les interruptions dans la submersion des vignes sont une des principales causes de la non-réussite du procédé ; car, si elles ont lieu avant que l'insecte soit complétement mort, et si elles durent assez de temps pour que l'air pénètre dans le sol, il arrive fatalement que les Phylloxeras reviennent à la vie, quoique très-affaiblis par une immersion d'une durée insuffisante pour les tuer, et l'on se trouve alors dans l'obligation de recommencer l'opération comme si l'on n'avait rien fait avant.

On peut être certain, si l'opération est conduite conformément aux prescriptions ci-dessus, que, quand elle sera finie, il ne restera plus un seul puceron vivant dans les vignes qui auront été traitées. Quelle que soit l'étendue de ces vignes (à moins d'avoir à opérer dans des situations tout à fait exceptionnelles), le travail de la submersion pourra être terminé à la fin du mois de novembre. On laisse alors la terre se ressuyer, et on a, après qu'elle est sèche, plus que le temps nécessaire {pour faire, aux époques les plus opportunes (*janvier, février et mars*), tous les travaux de taille, apports d'engrais et labours.

Nous savons aujourd'hui d'où arrivent les quelques insectes qui, pendant la belle saison, envahissent de nouveau une vigne qui en avait été entièrement purgée en hiver : ils viennent des vignes voisines qui n'ont pas été soumises au traitement de la submersion. Par les raisons que j'ai exposées plus haut, il convient de se débarrasser au plus tôt de ces nouveaux envahisseurs. Surpris lorsqu'ils ne sont encore que sur les racines les plus superficielles et pendant la période de leur vie active, ils sont assez facilement détruits. Pour arriver à ce résultat, il faut pratiquer, du 15 juillet au 15 août, trois copieux arrosages, faits à courts intervalles l'un de l'autre et à mesure que la terre commence à se ressuyer. Ces arrosages, opérés avec prudence, de manière que l'eau ne reste chaque fois pas plus de deux jours dans les vignes, ajouteront à l'avantage de faire périr les quelques insectes qui seraient revenus celui de donner aux vignes une fraicheur qui, à cette époque de l'année, leur fait presque toujours défaut dans notre pays, et dont se trouveront bien tant la vigueur des souches que la maturation et la beauté des raisins.

Une expérience que j'ai faite l'année dernière, sur un hectare de mon vignoble, m'a prouvé que les arrosages d'été ne sont pas indispensables. Je les ai supprimés complétement cette année, à cause des inconvénients qu'ils présentaient par suite des inégalités de niveau de mon terrain. Pour atteindre les parties hautes, une trop grande quantité d'eau se portait dans les parties basses, y restait longtemps, recouvrait et limonait des raisins et de jeunes souches, et faisait dans ces bas-fonds plus de mal que de bien. Aux personnes qui ont de l'eau en été et dont les terres sont bien nivelées, je conseillerais les irrigations de juillet et août; mais je ne saurais trop répéter que ces arrosages d'été ne sont pas indispensables pour combattre le Phylloxera, si l'on a pratiqué la submersion d'une manière convenable en automne ou en hiver.

Le tableau suivant, qui représente exactement le coût auquel me revient le traitement des vingt-un hectares de vignes de ma propriété que j'ai sauvés par la submersion, pourra servir de base pour établir la dépense annuelle que chacun aurait à faire pour employer le même procédé dans son vignoble.

Installation première : prise d'eau au canal, rigoles d'adduction et de distribution des eaux, nivellements, construction des bourrelets et des martelières, coût des vannes en forte tôle : total 3,000 fr., dont l'intérêt annuel à 5 %, à la charge du traitement . . . . Fr. 150 »

Abonnement au canal, à raison de 35 fr. par hectare; pour vingt et un hectares . . . . 735 »

Un homme pour préparer et conduire l'opération pendant quarante-cinq jours; quarante-cinq journées à 3 fr. 50 . . . . . . 157 50

Un jeune garçon pour aider au travail de la submersion; quarante-cinq journées à 2 fr. . . . . 90 »

Arrosages d'été, quinze journées à 3 fr. 50 . . . . 52 50

Réparation des bourrelets avant l'époque de l'opération d'hiver et leur tenue en bon état dans le courant de l'année; quinze journées à 3 fr. . . . . 45 »

Frais imprévus . . . . 30 »

Total pour vingt et un hectares . . . Fr. 1,260 »

Ce qui donne une dépense annuelle de 60 fr. pour chaque hectare.

Ces chiffres sont plutôt exagérés qu'affaiblis. Ainsi je continue à porter dans mes dépenses les journées d'un jeune garçon que je n'emploie plus depuis deux ans, et dont l'aide n'est plus nécessaire depuis que mes bourrelets ont pris par le tassement une suffisante solidité ; puis je mets au compte exclusif des vignes l'intérêt total du coût de l'installation première, qui cependant me sert à arroser plusieurs autres terres de mon domaine, circonstance qui compense et au delà l'amortissement du capital employé pour cette installation ; enfin j'ai compté au plus haut le prix des journées de travail. Je n'ai pas fait entrer les fumures en ligne de compte, parce que les vignes n'ont nullement besoin d'elles pour être guéries et que leur coût sera plus que largement compensé par l'accroissement de production qu'elles procureront.

Gravéson (Bouches-du-Rhône), le 15 décembre 1873.

Note A

Lettre de M. l'ingénieur Duponchel

—

A M. Barral, directeur du *Journal de l'agriculture*.

Monsieur et cher Camarade,

Les bonnes idées ont souvent de la peine à se faire jour
en France. Il n'a pas fallu moins de plusieurs années de
pratique à M. Faucon pour faire prendre au sérieux son
procédé de submersion et démontrer qu'il était jusqu'ici le
seul moyen efficace de détruire le Phylloxera. Il aurait été
cependant facile de prévoir ce résultat à l'avance. Si l'on
comprend, en effet, qu'il soit à peu près impossible de trouver un insecticide dont l'action pénètre dans toutes les mo-
lécules du sol arable, on conçoit, au contraire, que la submersion prolongée doive à la longue tout détruire : animaux
et végétaux qui ne sont pas constitués pour vivre exclusivement sous l'eau. Ce n'est qu'une question de temps, et il
était naturel de penser que l'insecte, si inférieur qu'il fût
dans l'ordre animal, serait asphyxié longtemps avant le
végétal. On savait déjà que, à l'époque où toute végétation
est interrompue, dans les bas-fonds, au voisinage des rivières et des marais, les vignes pouvaient supporter plusieurs mois de submersion continue sans en souffrir, et il

était facile de constater que le Phylloxera, dans ces conditions, ne pouvait subsister pendant plus de vingt à trente jours. On avait donc devant soi une marge plus que suffisante pour arriver à la destruction complète de l'insecte, avant d'avoir déterminé des effets nuisibles sur le végétal.

La lumière paraît, enfin, s'être faite sur ce point, et la seule objection que rencontre encore le procédé de M. Faucon est qu'il ne saurait être employé en dehors de localités très-restreintes. Le fait serait-il exact, qu'il n'y en aurait pas moins lieu de recommander l'usage de la submersion sur tous les vignobles compris dans le périmètre des canaux d'arrosage existants. Mais ces conditions, très-rares aujourd'hui, j'en conviens, sont susceptibles d'être généralisées beaucoup plus qu'on ne le pense. Si, dans nos contrées méridionales, on ne saurait, sans de très-grands frais, multiplier les irrigations d'été, qui exigent de très-grandes quantités d'eau précisément à l'époque où elle manque, rien ne serait, au contraire, plus facile que d'alimenter des canaux spéciaux ne devant fonctionner que dans la saison d'hiver. Nos petits cours d'eau, habituellement à sec pendant les mois chauds, ont au contraire un débit considérable de l'équinoxe d'automne à celui du printemps.

Plus que personne, par la nature de mon service hydraulique, s'étendant sur les trois départements du Gard, de l'Hérault et de l'Aude, dans lesquels est centralisée surtout la culture de la vigne, je suis en mesure de fournir des indications à cet égard, et je crois pouvoir affirmer que, pour tous les terrains sensiblement de niveau, et c'est le cas de nos vignobles les plus riches et les plus étendus, dans les alluvions modernes ou quaternaires de nos vallées, dans les cuvettes ou sur les plates-formes des sédiments tertiaires, il sera toujours facile de trouver, dans les ressources de leur propre bassin, la quantité d'eau nécessaire pour tenir ces terrains submergés pendant plusieurs mois.

Les frais d'établissement de canaux d'une faible longueur, n'ayant ni faîtes, ni vallées à franchir, seraient relativement peu coûteux ; et le chiffre des dépenses à faire ne saurait être d'ailleurs une considération susceptible d'arrêter les propriétaires, lorsqu'il s'agit d'une question de vie ou de mort pour une industrie agricole qui, dans un seul département, celui de l'Hérault, représente, année moyenne, un produit de plus de 150 millions.

Je reconnais l'utilité qu'il peut y avoir à continuer la discussion et les recherches sur les causes réelles du fléau et les moyens d'en arrêter ou d'en entraver la marche. Mais, lorsqu'un de ces procédés a été reconnu efficace, comme celui de M. Faucon, et qu'on entrevoit la possibilité de l'appliquer au tiers, à la moitié peut-être de nos vignobles, ne serait-il pas opportun d'en recommander l'emploi et d'en préparer la généralisation le plus possible ; de déterminer notamment : les ressources que chacun de nos petits bassins du littoral pourrait offrir en eaux de submersion, l'étendue des terrains qui pourraient en profiter, le tracé et les dépenses des canaux, l'ensemble, enfin, des mesures législatives qu'il serait nécessaire d'adopter pour activer l'initiative des particuliers, et vaincre les résistances que l'ignorance et l'inertie de quelques-uns pourraient opposer, le cas échéant, au bon vouloir du plus grand nombre ?

J'ai recours à votre journal pour appeler sur ce point l'attention de vos lecteurs, et vous prie de croire à mes sentiments bien dévoués.

Signé : Duponchel,

Ingénieur en chef des ponts et chaussées, chargé du service
hydraulique des départements du Gard, de l'Hérault et
de l'Aude.

Montpellier, le 12 octobre 1872.

Note B

Extraits d'une note sur la possibilité d'appliquer la submersion des vignes sur une vaste échelle, pour combattre le Phylloxera, présentée à l'Académie des sciences par M. Aristide Dumont, ingénieur en chef des ponts et chaussées.

S'il est incontestable que la submersion de la vigne pendant l'automne et l'hiver est le seul remède reconnu jusqu'ici efficace contre le Phylloxera, il est très-opportun de rechercher dans quelle mesure ce remède peut être appliqué.

Cette note a pour but de répondre à la question pour une partie de la vallée du Rhône. — Depuis plusieurs années, j'étudie la question d'un travail d'irrigation dans cette vallée.

Ce canal dériverait, à la hauteur de Condrieu, près de Vienne, un volume de trente-trois mètres cubes par seconde à l'étiage. Dans l'état ordinaire du fleuve, ce volume serait porté à *quarante-cinq mètres cubes.*

Le volume d'extrême étiage du Rhône étant, à la prise d'eau, de *trois cents mètres cubes par seconde (300) et de six cents mètres cubes (600) dans l'état ordinaire, la création d'un tel canal ne peut nuire en rien à la navigation, car il est prouvé que ce prélèvement n'aurait aucune influence sensible sur les hauts-fonds.*

Le grand et précieux volume d'eau qui se perd aujourd'hui est destiné à être versé sur le territoire des quatre départements de la Drôme, Vaucluse, Gard, Hérault. Le canal, profitant du défilé si remarquable de Mornas, arroserait, dans Drôme et Vaucluse, la rive gauche de la vallée entre Condrieu et Mornas, sur 180 kilomètres (cent quatre-vingts), et la rive droite, de Mornas à Montpellier, sur 150 kilomètres (cent cinquante) dans le Gard et l'Hérault.

L'utilité du canal sera double :

En été, il créera une zone d'irrigation de *trente mille hectares* au moins; en hiver, il donnera la possibilité d'inonder par jour au moins 500 (cinq cents) hectares de vignes. Pendant la période hivernale, il suffirait donc à l'immersion de 80,000 hectares de vignes.

Quand même ces surfaces seraient réduites dans une certaine proportion, soit à cause de la déperdition de l'eau, soit parce que certaines vignes établies en coteaux se prêtent peu à l'inondation, l'utilité d'un tel canal n'en serait pas moins immense, et, en face des progrès si inquiétants du Phylloxera dans la vallée du Rhône, sa création est devenue aujourd'hui d'une nécessité absolue..... ..:......
....

Mon but, en entretenant l'Académie des sciences d'un tel projet, est de prouver que le remède de la submersion hivernale, si heureusement découvert par M. Faucon, est applicable sur une vaste échelle dans une des régions de la France les plus éprouvées par le fléau, et qui était, il y a peu d'années encore, une des plus productives..... ....
....

L'exécution du canal d'irrigation du Rhône donnerait donc la possibilité d'inonder au moins le tiers de toutes les vignes situées sur le territoire des quatre départements; ce canal serait pour ces riches vignobles une sauvegarde contre le fléau qui les menace aujourd'hui..............
....

L'expérience de ces dernières années prouve que toute

contrée vinicole doit être pourvue de moyens d'irrigation, sous peine de voir ses richesses disparaître sous un fléau que l'organisation rationnelle de nos cours d'eau peut seule faire disparaître.

Jamais la nécessité de pareilles créations ne fut plus urgente qu'aujourd'hui ; aussi l'Académie me pardonnera-t-elle d'avoir appelé son attention sur un sujet qui, s'il n'a rien de spécialement scientifique, se lie cependant d'une manière intime aux travaux de la Commission spéciale qui a été créée par elle, pour rechercher les moyens pratiques de sauver nos richesses vinicoles d'une ruine imminente.

Signé : Aristide DUMONT,
Ingénieur en chef des ponts et chaussées.

A la demande du gouvernement, tous les ingénieurs des régions atteintes ou menacées par le terrible fléau ont fait des études dans le but de déterminer quels sont les terrains plantés, ou pouvant être plantés en vigne, qui seraient susceptibles d'être soumis au procédé de la submersion. Ces études corroborent et complètent les données fournies par MM. les ingénieurs Duponchel et Dumont, et de l'ensemble de ces renseignements il résulte que les vignobles qui pourraient être sauvés par mon procédé sont en nombre excessivement considérable.   L. F.

NOTE C

5 janvier 1874. — Si tout le monde avait su apprécier la question de la submersion des vignes à son véritable point de vue, que de ruines auraient déjà pu être évitées ! Le procédé de la submersion n'est pas applicable partout, dit-on; mais, grand Dieu! de ce que *toutes* les vignes ne peuvent pas être sauvées, faut-il laisser mourir *celles* qui peuvent l'être, et dont le nombre très-considérable a été constaté par tous les ingénieurs de notre région?

L'ignorance et l'apathie des uns, la jalousie et l'éternel besoin de critiquer des autres, ont opposé les plus grands obstacles à l'œuvre de bien public que je poursuis; cependant, malgré l'opposition incessante qui lui est faite depuis bientôt cinq ans, le procédé de la submersion marche et gagne tous les jours du terrain. Je commence à espérer que cette opposition systématique ne tardera pas à tomber devant la force des faits accomplis.

Des essais nombreux de submersion se font en ce moment, sur une vaste échelle, dans les Bouches-du-Rhône, le Var, l'Hérault, le Gard, Vaucluse, etc., etc.

Dans une récente excursion que j'ai faite dans les trois derniers de ces départements, où j'avais été appelé par des propriétaires pour les diriger dans la mise en œuvre de mon procédé, j'ai été assez heureux pour voir enfin de grands vignobles soumis au traitement de la submersion. Il serait trop long d'énumérer ici tous ces vignobles, mais je vais en citer quelques-uns, que je choisirai parmi ceux où il y a eu le plus de difficultés à vaincre, afin de prouver combien peu fondé était le principal argument de mes adversaires: «les difficultés qui s'opposent à la mise en pratique de mon moyen de guérison.»

Dans cette excursion, j'ai vu:

Chez M. Paul Castelnau, près d'Aigues-Mortes, une vigne de 3 hectares et demi complétement couverte d'une eau surnageante, au moyen d'une pompe centrifuge de 24 centimètres de diamètre, mue par une locomobile de la force de quatre chevaux et puisant l'eau à une profondeur de $1^m,20$, pompe qui n'a mis que quarante-huit heures pour opérer cette submersion, et qui la maintient au même niveau par deux heures de chauffe chaque jour. M. Castelnau, qui, grâce à mes contradicteurs, était loin de s'attendre à un résultat aussi facile et aussi prompt, n'a fait cette première opération que comme essai. Au moment où je l'ai quitté, il était tellement satisfait de sa réussite inespérée, qu'il disposait 30 hectares de son vignoble pour recevoir le même traitement;

A Marsillargues, chez M. Alfred Pieyre, un magnifique vignoble de 50 hectares prêt à être submergé par une machine à vapeur fixe, de la force de vingt-trois chevaux, et une pompe de 28 centimètres de diamètre, d'un débit de près de 200 litres à la seconde et puisant directement l'eau à la rivière du Vidourle, à une distance de 22 mètres et à une profondeur de 4^m, 50. Machine et pompe sont en place, presque tous les travaux d'endiguement sont terminés, et dans quelques jours ce vaste vignoble se trouvera complétement sous l'eau;

A Saint-Laurent-d'Aigouze, chez M. Adolphe Valz, il y a une prise au Vidourle qui amène l'eau dans un réservoir situé au milieu du domaine, où une puissante pompe et une locomobile de la force de huit chevaux la puisent, pour la conduire sur 30 hectares de vignes;

Près de Saint-Laurent, à Borde, chez M. de Ginestous, un autre vignoble est submergé au moyen de deux norias à grands godets, incessamment mises en action par des chevaux qui se relèvent;

Chez M. Célestin Masson, notaire, à Courthézon (Vaucluse), dans sa propriété de Jonquières, un vaste vignoble de 40 hectares a été submergé, malgré des difficultés tellement grandes que je croyais moi-même l'opération impraticable. Le vignoble de M. Masson est situé sur un sol caillouteux d'une perméabilité extrême. Dans les quinze premiers jours de la mise en œuvre de l'opération, une masse d'eau de plus de 600 litres à la seconde se perdait dans ce terrain comme si elle était tombée dans un gouffre béant, et allait ressortir à de grandes distances en quantités assez grandes pour remplir tous les fossés de la commune. La courageuse persévérance du propriétaire, triomphant des difficultés excessives qui s'opposaient à son entreprise, a fini par voir ses travaux couronnés d'un plein succès.

Ces exemples de mise en pratique du procédé de la submersion dans des conditions désavantageuses me dispensent de parler des nombreux propriétaires qui emploient le même traitement au moyen de canaux d'irrigation ou de rivières dont les eaux arrivent naturellement sur leurs terres. Je crois cependant devoir citer (à cause de la signification de cet exemple) le Président de la Société centrale d'agriculture de l'Hérault, qui vient de submerger, au moyen des eaux du Lez, 6 hectares de son vignoble de Saint-Sauveur, à Lattes, près de Montpellier.

Ainsi, ce procédé si critiqué de la submersion des vignes est en bonne voie, et, malgré ses détracteurs, il ne tardera pas à rendre de grands et réels services. Les fortunes qu'il aura sauvées se chiffreront bientôt par des centaines de millions, et Dieu veuille que nous ne lui devions pas un jour tout le vin qui se récoltera dans la France entière !

TABLE DES MATIÈRES

Pages.

Avant-Propos.   v

CHAPITRE PREMIER. — Cause de la maladie. . . .   7
    Sécheresse.   8
    Froid.   12
    Appauvrissement du sol.   15
    Nature et composition chimique du terrain. . . .   19
    Dégénérescence de la plante.   21
    Le Phylloxera.   22

CHAPITRE II. — Le Phylloxera vastatrix. — *Période de sa vie active ; sa transformation en insecte ailé ; ses modes de propagation ; ce qu'il devient pendant l'hiver*.   29
    Période de la vie active du Phylloxera.   30
    Transformation du Phylloxera aptère en insecte ailé.   33
    Les Modes de propagation du Phylloxera. . . .   36
    Ce que le Phylloxera devient pendant l'hiver.   47
    Conclusions.   62

CHAPITRE III. — Ravages causés par le Phylloxera et Essais de guérison tentés jusqu'à ce jour.
    I. — Les Ravages du Phylloxera.   67
    II. — Essais de guérison tentés jusqu'à aujourd'hui.   69

Pages.

CHAPITRE IV.—GUÉRISON PAR LA SUBMERSION.

    I. — Exposé de la question et Réponse aux objections qui ont été faites à ce moyen de guérison.. 78

    II — Réfutation de quelques nouvelles objections qui pourraient encore être faites contre le système de la submersion........... 97

CHAPITRE V.— MON VIGNOBLE DU MAS DE FABRE, AVANT ET APRÈS LE TRAITEMENT PAR LA SUBMERSION. 111

CHAPITRE VI. — INDICATIONS PRATIQUES POUR L'APPLICATION DE LA SUBMERSION DES VIGNES ATTEINTES DU PHYLLOXERA.

    I.—Considérations générales............. 126

    II.—Indications pratiques............... 135

NOTES...................................... 145

FIN DE LA TABLE.

MONTPELLIER, IMPRIMERIE CENTRALE DU MIDI

RICATEAU, HAMELIN ET Cⁱᵉ.

www.ingramcontent.com/pod-product-compliance
Lightning Source LLC
LaVergne TN
LVHW012254170726
843503LV00002B/531